L'ART
DE LA
MAÇONNERIE,

Par M. LUCOTTE, *Architecte.*

De l'Imprimerie de Moutard, Imprimeur-Libraire de la Reine, de Madame, de Madame la Comtesse d'Artois, & de l'Académie Royale des Sciences, rue des Mathurins, Hôtel de Cluni.

M. DCC. LXXXIII.

DE
LA MAÇONNERIE.

LA Maçonnerie est l'art de construire les bâtimens ou autres édifices, & celui d'employer les matières propres à leur construction. Ce mot vient de *Maçon*, & celui-ci du latin *Machio*, Machiniste, à cause des machines qu'il est obligé d'employer; selon Ducange, de *Maceria*, muraille, & selon Huet, de *Mas*, vieux mot qui signifie maison.

Cet Art tient aujourd'hui le premier rang parmi ceux qui servent à la construction des édifices. Le bois avoit d'abord paru plus commode pour les habitations, avant que l'on eût appris l'art d'employer les autres matériaux utiles à leurs constructions.

Origine des habitations.

Anciennement les hommes habitoient les bois & les cavernes, comme les bêtes sauvages: les uns faisoient des cavités sous terre & dans les montagnes; les autres faisoient des cabanes & des huttes avec des branches d'arbres enduites de terre grasse; chacun, construisant de son mieux, perfectionnoit sa demeure. Les familles s'agrandissant, le nombre des habitations augmenta; il en fallut pour les animaux domestiques, & pour contenir les provisions jusqu'aux nouvelles récoltes: on imagina des foyers, des portes, des croisées; on multiplia les surfaces, & on éleva des étages: on divisa ensuite les propriétés, on fixa des limites; on fit des Loix: de là, les hameaux, les villages & les villes, où l'on distribua des rues, des places séparées de maisons & jardins utiles. Les habitations devinrent peu à peu régulières; le loisir & l'abondance les rendirent commodes; le luxe les enrichit: enfin la Religion éleva des temples, & l'ambition des monumens.

Des anciennes habitations.

La plupart des Peuples ont conservé l'usage des anciennes habitations, représentées dans la vignette de la *Pl.* I, & par les *fig.* 1, 2 & 3. On les faisoit en plantant en terre des perches debout A A, retenues par d'autres en travers B B, qu'on entrelaçoit de branchages, & qu'on enduisoit de terre grasse. On imagina aussi (*fig.* 4) de poser les uns sur les autres des morceaux de pareille terre desséchée A A, sur lesquels on plaçoit des perches en travers B B, que l'on couvroit & garnissoit de feuillages, pour s'y garantir du soleil & de la pluie: mais ces couvertures n'étant point capables de préserver des mauvais temps, on imagina les couvertures inclinées (*fig.* 5, 6 & 7), qu'on enduisit de terre, pour faciliter l'écoulement des eaux.

Les Phrygiens, qui occupent des campagnes où il y a peu de bois, creusent des fosses circulaires (*fig.* 8 & 9), ou petits tertres naturellement élevés, auxquels ils font une ouverture A pour y arriver: autour de ces creux, ils élevent le plus souvent des perches B B, qu'ils lient ensemble par le haut, en forme de cône ou pain de sucre, à peu près à la manière de nos glacières, qu'ils couvrent ensuite de chaume C, sur lequel ils amassent de la terre & du gazon D, pour rendre leurs demeures chaudes en hiver & fraîches en été.

Au Royaume de Pont, dans la Colchide (dans l'Asie-Mineure), on étend sur le terrein (*Pl.* II, *fig.* 1) deux arbres A A parallèlement; sur chacune de leurs extrémités on y en place deux autres B B, de manière que les quatre ensemble enferment un espace carré de toute leur longueur. Sur ces arbres, posés horizontalement, on y en éleve d'autres perpendiculaires C C, pour former l'extrémité des murailles, dont on garnit les intervalles d'échalas D D & de terre grasse. On lie ensuite le haut de ces murailles avec des couches E E & F F, & leurs angles avec des pièces diagonales G G, qui se croisent au milieu. Pour retenir les quatre extrémités, & former la couverture de ces cabanes, on attache aux quatre coins par un bout, quatre pièces de bois H H, qui vont se joindre ensemble par l'autre vers le milieu, & assez longues pour former un toit en croupe, imitant une pyramide à quatre faces, que l'on enduit aussi de terre grasse.

Il y a chez ces Peuples, dit Vitruve, deux espèces de toits en croupe; l'un appelé *testudinatum*, parce que les eaux s'écoulent des quatre côtés à la fois, comme celui de la *fig.* 7; & l'autre, *displuviatum*, parce que le faitage allant d'un pignon (1) à l'autre, l'eau s'écoule de deux côtés à la fois, comme ceux des *fig.* 4, 5 & 6.

Les Naturels du Pérou construisent leurs maisons de roseaux & de cannes entrelacées, semblables aux premières habitations des Egyptiens & des Peuples de la Palestine: celles des Grecs, dans leur origine, n'étoient non plus construites que d'argile, qu'ils n'avoient pas l'art de durcir par le secours du feu.

En Irlande, les maisons du petit peuple sont construites avec des menues pierres ou du roc, mêlé avec de la terre détrempée & de la mousse, à peu près semblables à la *fig.* 2.

Les Abyssins logent aussi dans des cabanes faites de torchis (2).

Celles de Colchos sont faites de plusieurs branches d'arbres posées horizontalement sur l'une l'autre, & en diminuant vers le sommet, pour former le toit; & les intervalles sont remplis d'échalas recouverts de terre grasse, pour former les murailles, comme représente la *fig.* 3.

En d'autres lieux, on couvre les cabanes avec des herbes prises dans les étangs.

Aux environs de Marseille, les maisons sont couvertes de terre grasse pétrie avec de la paille. On fait voir encore à Athènes, comme une chose curieuse par son antiquité, les toits de l'Aréopage faits de terre grasse. En Espagne, en Portugal, en Aquitaine, & même en France, beaucoup de maisons sont couvertes en chaume & en bardeau (3).

Au Monomotapa (dans la Basse-Ethiopie, en Afrique), les maisons sont toutes construites de bois coupé dans les forêts. On voit encore maintenant de certains Peuples, faute de matériaux & d'intelligence, se construire des cabanes avec des peaux & des os de quadrupèdes & de monstres marins.

On peut conjecturer, d'après cela, que l'envie & la nécessité de perfectionner ces habitations, fit chercher les moyens d'employer d'abord ce qu'offroit la surface de la terre, ensuite la pierre & autres matériaux qu'elle renfermoit, dont on connut bientôt la durée: on se fit pour lors des maisons plus solides, & telles que représentent les *fig.* 4 & 5, 6 & 7, 8 & 9. On les accoupla, on les réunit, on y fit des planchers, des étages, des escaliers, tels qu'il est représenté par les *fig.* 10 & 11, 12 & 13: enfin l'on parvint, à force d'études & de recherches, à réunir à la solidité les distributions & décorations. On présume néanmoins que les Egyptiens furent les premiers Peuples qui firent usage de la Maçonnerie en pierre, ce qui paroît vraisemblable, par quelques fragmens des plus beaux & des plus magnifiques édifices qui aient jamais paru dans l'antiquité: tels sont ces Pyramides célèbres, les murs de Babylone, le Temple de Salomon, le Phar de Ptolomée, les Palais de Cléopatre & de César, & quantité d'autres monumens cités dans l'Histoire.

Aux édifices des Egyptiens succéderent les ouvrages des Grecs, qui ne se contenterent pas seulement de la pierre qu'ils avoient chez eux en abondance, mais qui firent usage des marbres des provinces d'Egypte, qu'ils employerent avec profusion dans la construction de leurs bâtimens; construction qui existeroit encore, sans l'irruption des Barbares & les temps d'ignorance qui sont survenus. Ces Peuples, par leurs découvertes, excitèrent bientôt les autres Nations à les imiter; ils firent naître aux Romains, ambitieux de s'emparer du Monde, l'envie de les surpasser, par l'incroyable solidité qu'ils donnèrent à leurs édifices, en joignant aux découvertes de leurs prédécesseurs l'art de la main-d'œuvre & l'excellente qualité des matières que leurs climats leur procuroient; en sorte que l'on voit aujourd'hui avec étonnement, une infinité de vestiges intéressans de l'ancienne Rome.

A ces superbes édifices succéderent les ouvrages des Goths; monumens dont la légèreté surprenante nous retrace moins les belles proportions qu'une délicatesse inconnue jusqu'alors, & dont l'aspect nous assure que leurs Constructeurs s'étoient beaucoup plus attachés à la légèreté qu'au bon goût.

Des habitations modernes.

On peut compter au nombre des habitations modernes, celles qui ont été construites depuis le commencement du seizième siècle. Sous le règne de François Premier, l'on chercha la solidité dans les monumens qu'il fit construire; on s'appliqua à imiter les Grecs & les Romains dans leurs constructions: alors l'art de bâtir sortit du chaos où il avoit été plongé pendant plusieurs siècles: on commença à multiplier les édifices, à les fonder avec art, & à les couronner avec goût. On se perfectionna peu à peu, & l'on vit paroître presque en même temps la beauté de la décoration extérieure & la commodité des distributions intérieures; mais ce fut principalement sous Louis XIV que l'on y joignit l'Art du trait & tous les autres Arts relatifs à la solidité & à la beauté des édifices: le luxe, qui chez les Romains fit naître les monumens publics, enfanta nos palais, nos maisons de plaisance & nos hôtels, & à l'imitation de ces derniers, nos maisons particulières de bon goût; en sorte que maintenant nous imitons presque les

(1) Le pignon est à la surface latérale d'un mur, le triangle formé par la base, & les deux côtés obliques d'un toit, dont les eaux s'écoulent de part & d'autre.

(2) Torchis est une terre grasse détrempée, mêlée avec de la paille.

(3) Le bardeau est un composé de plusieurs petits ais de merain, à l'usage des couvertures.

habitations des Grands, sinon dans la richesse & l'opulence, au moins dans l'élégance & l'agrément.

Nos habitations modernes sont ou à la campagne ou à la ville : les premières sont de plusieurs sortes; les unes, qu'on appelle *maisons de plaisance* ou *de campagne*, occupées par les Grands & les particuliers opulens, ont un ou deux étages au plus, & n'ont d'autre objet que de procurer un air salubre, des promenades & le repos; les autres, qu'on appelle *Châteaux*, occupés par les Seigneurs, n'ont, comme ces dernières, qu'un ou deux étages, & sont avoisinés de fermes composées de granges & autres bâtimens pour mettre à couvert les bestiaux, les grains & les autres biens de la campagne. Ces dernières, présentement de pur agrément, ont succédé aux châteaux forts flanqués de tours, environnés d'épaisses murailles, de créneaux & meurtrières autrefois nécessaires dans les temps de trouble & de guerres civiles : d'autres enfin, occupées par les villageois, n'ont qu'un étage, & le plus souvent qu'un rez de chaussée. Les habitations de ville, à la vérité plus resserrées, sont aussi plus agréables & plus commodes. Il en est de plusieurs sortes : les unes, construites entre cour & jardin, éloignées du bruit des rues & places publiques, n'ont qu'un ou deux étages, destinés & occupés par les grands Seigneurs seuls, au milieu de leur famille & de leurs gens : les autres, construites sur les devant, éloignées & souvent privées de jardins, ont trois ou quatre, cinq, & quelquefois six étages destinés à plusieurs particuliers; & les rez de chaussés sont souvent occupés par les boutiques des Commerçans, qui ont leurs magasins au dessus, à portée d'eux & du Public.

Les planches XII, XIII, XIV représentent une de ces dernieres distribuée dans le goût moderne, relativement à la manière actuelle la plus ordinaire de loger plusieurs particuliers sous un même toit, composée de caves, rez de chaussée, entre-sol & deux étages, terminés par une mansarde.

Au rez de chaussée (*Pl.* XII, *fig.* 2) est une principale entrée A pour les voitures, & une cour B assez vaste pour qu'elles puissent tourner à l'aise : sous le passage sont des vestibules D D, & grands escaliers IV IV, pour communiquer aux étages supérieurs. Au fond de la maison, des remises X X pour les voitures, écuries E E pour les chevaux, basses-cours F F pour les fumiers, & escaliers de dégagement dans le fond; & sur le devant, des boutiques H H & magasins de Commerçans, tant à rez de chaussée qu'en entre-sol, avec leurs entrées particulières K K, sans communication dans l'intérieur de la maison. Au premier étage (*Pl.* XIII, *fig.* 2), d'un côté L, est un grand appartement commode, & suivant les besoins d'un particulier d'une certaine opulence; de l'autre N, un semblable & aussi commode, mais plus petit. Ces sortes de distributions procurent l'avantage d'agrandir ou resserrer les appartemens, bouchant ou débouchant des portes de communications, suivant les besoins des particuliers qui les occupent.

Il faut observer de ne jamais placer de caves dans les jardins, dans les grandes cours, & rarement dans les petites : la raison est que les pluies & neiges traversant les voûtes, les font périr promptement.

Des Constructions.

Les constructions en Maçonnerie se distinguent en anciennes & modernes : les unes employées autrefois par les Egyptiens, les Grecs & les Romains, & les autres employées de nos jours.

De la Maçonnerie ancienne.

Selon Vitruve, la Maçonnerie étoit de deux sortes; l'une qu'on appeloit *ancienne* (*Pl.* III, *fig.* 1 & 2) (élévation & plan), étoit celle qu'on faisoit en liaison, & dont les joints A & B étoient verticaux & horizontaux; & l'autre, qu'on appeloit *maillée* (*fig.* 3 & 4), étoit celle dont les joints A A étoient inclinés suivant l'angle de quarante-cinq degrés : mais cette dernière étoit très-défectueuse, à cause de la poussée des pierres, qu'on étoit obligé de retenir par les angles B B.

Suivant le sentiment général, l'ancienne Maçonnerie étoit autrefois de trois sortes; la première, de pierres taillées & polies; la seconde, de pierres brutes, & la troisième, de ces deux espèces réunies.

La Maçonnerie de pierres taillées & polies se divisoit en deux sortes; savoir, la maillée (*fig.* 5 & 6), appelée par Vitruve *reticulatum*, dont les joints A A des pierres étoient inclinés suivant l'angle de quarante-cinq degrés, & dont les extrémités B B étoient faites de Maçonnerie en liaison, pour retenir la poussée de ces pierres inclinées : mais cette Maçonnerie étoit bien moins solide que les autres, parce que le poids de ces pierres qui portoient sur leurs angles, les faisoit éclater, égrainer, & même ouvrir dans leurs joints, ce qui détruisoit les murs. Les Anciens n'avoient d'autres raisons d'employer cette manière, que parce qu'elle leur paroissoit plus agréable à la vue. La manière de bâtir en échiquier des Anciens (*fig.* 7 & 8), rapportée par Palladio, dans son premier Livre, étoit moins défectueuse, parce que ces pierres ayant leurs joints A A inclinés, étoient retenues non seulement par les extrémités B B de maçonnerie de briques en liaison, mais encore par des traverses C C & des chaînes D D de pareille maçonnerie, tant dans l'intérieur du mur qu'à l'extérieur. La seconde espèce de pierres taillées & polies, étoit celle en liaison (*fig.* 9 & 10), appelée par Vitruve *insertum*, & dont les joints A & B étoient horizontaux & verticaux. C'étoit une des manières de bâtir la plus solide, parce que ces joints verticaux se croisoient, de façon qu'un ou deux se trouvoient au milieu de la pierre qui leur étoit inférieure ou supérieure, ce qu'on appeloit & qu'on appelle encore aujourd'hui *Maçonnerie en liaison*. Cette dernière se divisoit encore en deux; l'une appelée simplement *insertum*, dont toutes les pierres étoient égales par leurs paremens; l'autre, appelée *la structure des*

Grecs (*fig.* 11 & 12), dont les pierres étoient de deux grandeurs alternatives par leurs paremens, en ſorte que les deux joints d'une petite pierre A ſe rencontroient toujours au milieu d'une grande B.

La ſeconde ſorte de Maçonnerie ancienne étoit de pierres brutes. Il y en avoit de deux ſortes; l'une, appelée, comme la précédente, *en liaiſon*, différoit en ce que les pierres n'en étoient point taillées, à cauſe de leur dureté; que les liaiſons n'étoient point régulières, & qu'elles n'avoient point de grandeurs égales. Cette eſpèce ſe ſubdiviſoit auſſi en deux; l'une que l'on appeloit *iſodomum* (*fig.* 13 & 14), parce que les pierres A & B, tant extérieures qu'intérieures, quoique d'aſſiſes égales, étoient brutes & d'inégales groſſeurs; & l'autre, *pleudiſodomum* (*fig.* 15 & 16, 17 & 18), parce que la hauteur des aſſiſes A A n'étoit point déterminée par l'épaiſſeur des pierres, mais faites de pluſieurs, ſi le cas y échéoit; & l'eſpace B d'un parement (1) à l'autre étoit rempli de pierres poſées à l'aventure, ſur leſquelles on verſoit du mortier, que l'on étendoit uniment; & quand l'aſſiſe étoit achevée, on en recommençoit une autre par-deſſus, ce que les Limouſins appeloient & appellent encore *arraſes*, & que Vitruve nomme *erecta caria.*

La troiſième ſorte de Maçonnerie ancienne, appelée *revinctum* (*fig.* 19 & 20), étoit un compoſé des deux autres : c'étoient des pierres taillées & polies A A, poſées en liaiſon & cramponnées, entre leſquelles on mêloit des cailloux B B & autres pierres jetées au haſard avec du mortier.

Il y avoit encore, ſelon Vitruve, deux manières anciennes de bâtir : la première étoit de poſer les pierres les unes ſur les autres, ſans aucune liaiſon, & il falloit pour cela que leurs ſurfaces fuſſent bien unies & bien planes; la ſeconde étoit de poſer ces mêmes pierres les unes ſur les autres, & de placer entre chacune d'elles une lame de plomb d'environ une ligne d'épaiſſeur.

Ces deux manières étoient fort ſolides, à cauſe du grand nombre de ces pierres & de leur poids, qui leur donnoit aſſez de force pour ſe ſoutenir : mais elles étoient ſujettes à ſe rompre & à s'éclater dans leurs angles, quoiqu'il y ait, ſuivant Vitruve, des bâtimens très-anciens, où les pierres qui avoient été poſées horizontalement, ſans mortier ni plomb, n'étoient point rompues ni éclatées, & dont les joints étoient devenus preſque inviſibles, par la jonction des pierres, qui ſe touchoient en un ſi grand nombre de parties, qu'elles s'étoient conſervées entières, ce que l'on obſerve encore actuellement en les démaigriſſant (2) vers les bords, comme on le voit en A (*Pl.* V, *fig.* 2) : la raiſon eſt que, lorſque le taſſement ſe fait, les pierres ſe rapprochent, & portent enſuite ſur l'extrémité du joint, qui, n'étant pas aſſez fort pour porter le fardeau, ne manque pas d'éclater : ce qui a fait que les Maçons qui ont travaillé au Louvre, ont imaginé de fendre les joints des pierres avec la ſcie, à meſure que le mortier ſéchoit & que les murs taſſoient, & de remplir lorſqu'il avoit fait ſon effet; ce qu'on a imité dans la ſuite, & que l'on imite encore actuellement. On doit remarquer par-là, qu'un mur de cette eſpèce a d'autant plus de ſolidité que l'eſpace démaigri eſt grand, parce que ce mortier ajouté après coup dans la partie qui n'eſt point démaigrie, n'ayant aucune vertu, eſt compté pour rien, & diminue d'autant la ſolidité du mur.

Palladio, dans ſon premier Livre, rapporte ſix manières de faire les murailles : la première, en échiquier; la ſeconde, de terre cuite ou de briques; la troiſième, de ciment fait de cailloux de rivière ou de montagne; la quatrième, de pierres incertaines ou ruſtiques; la cinquième, de pierres de taille; & la ſixième, de remplage.

La première manière, en échiquier, eſt celle rapportée par Vitruve (*fig.* 7 & 8).

La deuxième, en carreaux de terre cuite, grands ou petits (*fig.* 21 & 22). Il falloit que ces carreaux fuſſent bien ſéchés avant que de les faire cuire, ſans quoi ils étoient ſujets à ſe rompre ou à ſe fendre pendant la cuiſſon. On voit dans la Rotonde, les Thermes de Dioclétien, & la plus grande partie des édifices de Rome; à Athènes, en face du mont Hymete, au Temple de Jupiter, & aux Chapelles du Temple d'Hercule, dans la ville d'Arezzo en Italie, & à Sparte, dans la maiſon des Rois Attaliques, des murs conſtruits de cette manière : la maiſon de Créſus & le palais de Mauſole, à Halycarnaſſe, ont encore des murailles exiſtantes, faites de pareilles briques.

La troiſième étoit de faire les extrémités du mur A A (*fig.* 23 & 24), & quelquefois le milieu B B par chaînes de diſtance en diſtance, en carreaux de pierres en liaiſon; le milieu C C, en pierres de toutes ſortes de formes, caſſées & mêlées de mortier. Les extrémités de ces murs A A (*Pl.* IV, *fig.* 1 & 2), ſe faiſoient auſſi de briques en liaiſon, avec chaînes B B; le milieu C C, en gros cailloux de rivière caſſés, ou autres pierrailles avec ciment, plaçant de trois en trois pieds de hauteur, deux ou trois rangs de moëllons ou de briques en liaiſon D D. Les murailles de la ville de Turin ſont bâties de la première; les murs des Arènes, à Vérone, comme ceux de pluſieurs bâtimens antiques, ſont de la dernière.

La quatrième étoit appelée *incertaine* ou *ruſtique* (*fig.* 3 & 4). Les extrémités de ces murailles étoient faites de carreaux de pierre de taille en liaiſon A A; le milieu B B, de pierres de toutes ſortes de formes, ajuſtées chacune dans leur place : auſſi étoit-on obligé d'employer la ſauterelle ou fauſſe-équerre; ce qui donnoit beaucoup de ſujétion, ſans pour cela procurer plus d'avantages. Il y a à Preneſte des murailles, ainſi que des pavés de grands chemins faits de cette manière.

La cinquième eſt à peu près celle que Vitruve appelle *la ſtructure des Grecs*, repréſentée par les

(1) Le parement d'une pierre eſt ſa face extérieure.

(2) Le démaigriſſement d'une pierre eſt une partie tant ſoit peu creuſée & hachée vers le milieu juſqu'à environ quatre pouces des bords.

figures

figures 11 & 12, *Pl.* III. On voit encore par les restes du Temple d'Auguste, qu'il fut bâti de cette manière.

La sixième étoit les murs de remplage. On construisoit à cet effet des caisses (*fig.* 5) de la hauteur qu'on vouloit les lits, avec des madriers A A retenus par des poteaux B B & arcs-boutans C C, qu'on remplissoit ensuite de mortier, de ciment, & de toutes sortes de pierres de diverses formes & grandeurs. On bâtissoit ainsi de lit en lit : mais ces sortes de caisses devenoient de plus en plus difficiles à construire, à mesure que les murs s'élevoient. On bâtit ainsi au bord du Rhône, dans le Lyonnois, le Dauphiné, le Forez, &c.

Une autre ancienne manière de faire des murailles, étoit de pratiquer deux murs A A (*fig.* 6 & 7), de trois ou quatre pieds d'épaisseur, distans l'un de l'autre d'environ six pieds, liés ensemble par des petits murs en travers B, formant des espèces de coffres carrés, que l'on remplissoit ensuite de mortier & de pierres C.

On pavoit anciennement les grands chemins en maçonnerie de pierre de taille A A (*fig.* 8 & 9), que l'on bordoit de plus grosses B B, ou en ciment mêlé de terre glaise & de sable A A (*fig.* 10 & 11), bordé de pierrailles B B, ou en cailloutages A A (*fig.* 12 & 13), bordé de gros cailloux B B. Le milieu des rues des anciennes villes étoit pavé en grès A A (*fig.* 14 & 15), & les côtés B B avec des pierres plus épaisses & moins larges, comme leur paroissant commodes pour marcher, & nécessaires pour soutenir l'ouvrage.

De la Maçonnerie moderne.

La maçonnerie moderne, & celle que l'on emploie de nos jours, est de trois espèces : la première, en pierre; la deuxième, en moëllons, & la troisième en hourdages ou colombages.

La vignette de la cinquième Planche représente un attelier de maçonnerie de cette espece.

De la Maçonnerie en pierre.

Cette maçonnerie est faite de gros blocs de pierre par carreaux (1) A A (*Pl.* V, *fig.* 1) & boutisse (2) B B, taillés suivant l'art & la coupe du trait (3), relativement aux plans & distributions des bâtimens, posés en recouvrement les uns sur les autres, & liés ensemble avec les mortiers en usage. Cette manière de bâtir est sans contredit la meilleure & la plus solide de toutes, sur-tout lorsque les pierres sont de bonne qualité, exemptes de moyes (4), fils (5), bousins (6), &c. On l'emploie aux édifices qui exigent de la solidité, depuis le sol jusqu'aux premiers étages, quelquefois jusqu'aux corniches & au delà, & quelquefois aussi en fondations. Elle se divise en pierre dure & en pierre tendre.

La maçonnerie en pierre dure, inaccessible aux impressions d'humidité, s'emploie au pied des édifices, & dans les lieux aquatiques. La qualité de la pierre dont elle est composée, dure à tailler, rend cette maçonnerie très-dispendieuse; mais aussi d'une excellente construction, lorsqu'on a soin d'en observer toutes les loix. Ces loix sont, 1°. que les liaisons C C des pierres (*fig.* 1) soient au moins de six à sept pouces de longueur; 2°. de les bien équarrir, & en rejeter tout le tendre & le bousin : l'un & l'autre émoussant les sels de la chaux, qui sert de liaison, ne peuvent faire un bonne construction; 3°. d'en démaigrir les lits vers le milieu A (*fig.* 2), afin qu'il puisse s'y trouver dessous environ un demi-pouce d'épaisseur de mortier; 4°. d'en piquer les paremens intérieurs à la pointe, afin que par ce moyen, les matières que l'on coule entre elles, puissent les agraffer & les consolider; 5°. d'éviter toute espèce de garnis & remplissage; 6°. de les bien caller de niveau par leurs parties angulaires, sur des petites pièces de chêne (*fig.* 3 & 4), appelées *calles*, de deux lignes d'épaisseur au plus, & de la largeur de deux doigts, ou sur des lames de plomb A A (*fig.* 5) de pareille épaisseur; 7°. de bien nettoyer & mouiller les lits & les joints des pierres; 8°. de les couler & ficher à bain de mortier, de manière qu'il ne puisse y rester aucune partie d'air dans l'intérieur; 9°. enfin d'en scier de fois à autres les joints horizontaux D D (*fig.* 1), de peur qu'ils ne s'éclatent à mesure que le bâtiment s'affaisse.

Il est une manière de bâtir en pierres dures, appelée *en libages*, composée de blocs rustiques & mal faits, depuis un jusqu'à trois pieds cubes, qui sont en quelque sorte le rebut des pierres dures que l'on tire des carrières, trop menues pour être employées comme pierres de taille, & trop grosses pour être employées comme moëllons. Il en est de toutes sotes de formes & grandeurs. On les équarrit quelquefois, mais seulement à la pointe. On en dresse les lits, supprimant toujours le bousin. On les pose aussi en liaison, & par préférence aux fondations des bâtimens, & jamais aux élévations.

Une autre manière de bâtir en pierre dure, est celle faite en grès, espèce de pierre composée de sable consolidé, dont on fait beaucoup d'usage dans les lieux où il n'y a point d'autres pierres, & où cette espèce est ordinairement fort commune. Cette pierre est très-dure, très-difficile à tailler, & fait mal liaison : néanmoins on ne laisse pas que d'en faire de fort bonnes constructions, sur-tout lorsque les blocs sont d'une certaine grosseur.

Le grès, sec & aride dans son principe, composé de grains de sable attachés successivement les uns aux autres, pour se former avec le temps en blocs,

(1) Un carreau est une pierre qui ne traverse point l'épaisseur du mur, & qui n'a qu'un parement.

(2) Une boutisse est une pierre qui traverse l'épaisseur du mur : lorsqu'elle a deux paremens, on la nomme aussi *parpin*.

(3) La coupe du trait est une science particulière de construire les voûtes.

(4) Une moye est une partie tendre & humide qui se trouve dans l'épaisseur des pierres.

(5) Un fil est une espèce de rupture qui traverse la pierre.

(6) Le bousin est le lit tendre d'une pierre abreuvée de l'humidité de la carrière.

exige, lors de la construction, un mortier de la meilleure chaux & du meilleur ciment possible, & non de sable. Les parties anguleuses du ciment s'insinuant dans le grès avec une forte adhérence, par le secours de la chaux, unissent si parfaitement toutes ses parties, qu'elles ne font qu'un tout, de manière à rendre cette construction indissoluble, & capable de résister à toutes les injures du temps. Il faut observer néanmoins de faire dans les lits de cette pierre des zigzags A A (*fig. 6*), afin que le mortier étant en plus grande quantité, ne puisse se sécher trop promptement, par la nature du grès, qui s'abreuve aisément des esprits de la chaux; le ciment se trouvant alors altéré, n'auroit pas assez de force pour s'accrocher & s'incorporer dans le grès, à qui tous ces secours sont indispensables pour faire une bonne liaison.

La maçonnerie en pierre tendre peut devenir solide, lorsqu'elle n'est point exposée à l'humidité. La pierre dont elle est composée est facile à tailler, & s'endurcit à l'air : on en fait aussi de bonnes constructions, lorsqu'on observe, comme à la pierre dure, de faire de bonnes liaisons, d'en démaigrir les lits, d'éviter les garnis, de les bien caller, couler & ficher, & enfin d'en scier de temps en temps les joints horizontaux.

De la Maçonnerie en moëllon.

Cette maçonnerie, composée de petits blocs de pierre de toutes sortes de grosseurs, jusqu'à un pied cube, trop menues pour être employées comme pierres, se distingue en maçonnerie proprement dite, & en limousinage : l'une, où l'on emploie le plâtre, est faite par les Maçons, espèce d'ouvriers désignée parmi les autres, dont le talent est de savoir bien l'employer; & l'autre, où l'on emploie les mortiers, est faite par les Limousins, autre espèce d'ouvriers, dont le seul talent est de savoir les employer, & qui, pour cet effet, arrivent au commencement des printemps. Ces deux espèces se divisent en trois autres. La première, de deux sortes; l'une, que l'on appelle *en moëllons durs*, s'emploie en fondations & au pied des murs élevés; l'autre, que l'on appelle *en moëllons tendres*, s'emploie dans les parties élevées & au sommet des bâtimens. Ces deux manières de bâtir, que Vitruve appelle *ampleEton*, sont très-bonnes, lorsque les pierres, de bonne qualité d'ailleurs, sont posées sur leurs lits, bien liaisonnées & sans bousin, partie tendre & spongieuse qui absorbe & amortit les sels de la chaux, l'ame du mortier. Il est encore mieux de les dégrossir & équarrir, pour les rendre plus gissantes, sans quoi les interstices de différentes grandeurs produisent une inégalité dans l'emploi du mortier, & un tassement inégal dans la construction des murs; ce qui, pour cette raison, doit faire rebuter les moëllons trop arrondis, appelés *têtes de chat.*

La deuxième, qu'on appelle *en moëllon de meulière*, est d'un grand usage en France. Les plus gros quartiers sont employés à faire des meules de moulins. Cette espèce de pierre est très-poreuse, s'abreuve aisément des agens qui lui servent de liaison, & conséquemment fait une très-bonne construction; mais, trop dure pour être taillée, elle ne peut faire parement, se casse par éclats, & s'emploie de préférence dans les fondations ou dans l'intérieur des murs.

La troisième manière, en pierrailles ou rocailles, ce que les Anciens entendoient par *blocage*, en latin *structura ruderaria*, est composée de moëllons de toutes sortes de formes, & pour le plus souvent presque ronds, sans lits, sans paremens, sans queues; de sorte qu'ils ne peuvent faire bonne liaison dans les murs : aussi ne les emploie-t-on qu'aux murs de clôture ou aux maisons peu élevées, peu chargées, & dont la couverture est légère. Lorsque, faute d'autres, on est obligé de les employer à des murs élevés, il est nécessaire de les fortifier par une plus grande épaisseur, & de les employer avec le meilleur mortier possible : c'est la seule manière de faire une bonne bâtisse avec cette espèce de pierre; & c'est ce que Vitruve entend par une très-bonne manière de bâtir.

Ainsi furent faits les fondemens de la colonne de la nouvelle Halle au bled à Paris. Lors de la construction de cet édifice, on fut obligé, pour l'engager dans la nouvelle bâtisse, de lier les fondemens avec ceux du bâtiment : en les découvrant, on s'apperçut que les mortiers avoient été de très-mauvaise qualité; que non seulement les pierres n'avoient point de liaison, mais même qu'on avoit laissé des vides considérables, au point qu'une canne de cinq pieds de longueur y entra toute entière & s'y perdit. On se détermina à la fonder de nouveau en sous-œuvre & par parties; mais, soit négligence ou économie, on ne reprit que la partie du côté du bâtiment, & l'autre demeura telle qu'elle étoit. Ce qui parut singulier, c'est que cette colonne, quoiqu'ayant toujours été mal fondée, n'a jamais souffert le plus petit affaissement inégal, & en conséquence a toujours passé jusqu'à ce moment pour être solidement fondée; ce qui cependant ne doit pas être donné comme un exemple à suivre.

Il est une autre espèce de moëllon en terre crue ou cuite, dont on fait usage presque par-tout, & sur-tout dans les pays où la pierre est rare; l'une, employée dans le fond des campagnes & dans des lieux privés d'aisances, est faite d'une argile grasse & ferme : on en fait des morceaux de sept à huit pouces sur douze à quinze pouces, & quatre à cinq pouces d'épaisseur, soit à la main, soit au moule. On les pétrit & on les fait sécher, non au feu ni au grand soleil, qui les feroient gerser & fendre, mais simplement à l'air; ce qui est d'une longueur proportionnée à la grosseur des blocs : ainsi bien séchée, on en fait des murs liaisonnés & d'aplomb, avec un mortier de pareille terre. Cette sorte de bâtisse, à la vérité, n'est pas propre à porter fardeau; aussi ne sert-elle qu'aux maisons de la campagne, très-peu élevées, & couvertes de chaume : l'autre, en moëllon de terre cuite, communément appelé *brique*, en latin *lateritium*, dont on fait beaucoup d'usage en

France, est très-bonne & solide. C'est aussi une terre argileuse & grasse, dont on fait des blocs de toute grosseur : on la pétrit comme la précédente, & on la fait cuir au four, qui lui donne une couleur rougeâtre ou blanche, suivant les pays, & une dureté suffisante pour porter fardeau : mais les gros volumes sont longs & difficiles à bien sécher, & ne le sont en quelque sorte jamais parfaitement; de manière que, pour peu qu'il reste de parties de pierre calcaire ou d'humidité dans l'intérieur, ils se fendent à la cuisson : on en perd une partie, & l'autre demeure imparfaite. Les grosseurs les plus ordinaires, & dont on fait un gros commerce, se font au moule, & portent huit pouces de long, quatre pouces de largeur, & deux pouces d'épaisseur. On les emploie en liaison, avec les agens en usage. Comme cette sorte de terre bien cuite n'est point sujette à se calciner, on l'emploie aux âtres & souches de cheminée. Sa couleur & son uniformité fait quelquefois décoration aux bâtimens de quelque importance. Il paroît que les Anciens en faisoient beaucoup de cas, de préférence à la pierre & au marbre, qu'ils avoient chez eux en abondance. Si dans la suite on défendit à Rome cette sorte de bâtisse, ce fut par la nécessité d'économiser les surfaces des terreins, devenues précieuses par la quantité des habitans.

De la Maçonnerie en hourdage (1) *ou colombage* (2).

Cette manière de bâtir est peu solide, mais aussi peu dispendieuse, & peut s'exécuter par-tout. Les Anciens s'en servoient dans la construction de leurs cabanes. Les uns faisoient des hourdages (*fig.* 7), avec des branchages & de la terre : les plus intelligens y mêloient de la paille ou du foin haché, comme on fait encore actuellement dans les Provinces. Les meilleurs sont construits en petites pierres ou platras A A (*fig.* 8 & 9), entrelacés de lattes BB, fixées sur les bois CC, dont les bâtimens sont composés, recouverts, & enduits de mortiers ou plâtre, ce que l'on entend par légers ouvrages.

Du choix des matériaux dans les constructions.

Le choix des matériaux est très-essentiel dans la bâtisse; il dépend souvent de la situation des lieux, de l'éloignement & de la dépense nécessaire pour se les procurer. Le bois ayant paru le plus commode de tous, on l'assembla, on l'entrelaça de branchages, que l'on garnit de terres grasses, & par la suite de plâtras & plâtres; mais à force d'en multiplier les usages, il devint rare; en sorte que la nécessité, aidée de l'industrie, fit trouver la manière d'employer les pierres, d'abord les plus petites, comme plus faciles à transporter, ensuite les plus grosses, à l'aide de l'Art du trait & des engins que la Mécanique fit naître pour leur transport. Les plus dures, les plus gissantes, qui ont de longues queues, & qui font une bonne liaison, ont été préférées dans les fondations & au pied des murs : aussi sont-elles les plus difficiles à tailler & à mettre en œuvre; les plus tendres, comme plus foibles, ont été réservées pour les parties élevées & éloignées des humidités : celles qui tiennent un milieu entre ces deux espèces, sont réservées pour les parties intermédiaires. Les plus grosses pierres, qu'on appelle communément *pierres de taille*, font toujours la meilleure bâtisse, mais aussi la plus dispendieuse.

La diversité des pierres & leur variété est si grande, qu'on ne peut en quelque sorte en déterminer exactement le choix. Du nombre des pierres dures, les unes, extraordinairement dures, sont rebutées des Maçons, qui trouvent trop peu de bénéfice dans leur emploi; les autres, trop tendres, molles & humides, sujettes à la gelée & au moulinage (3), ou trop foibles pour porter fardeau, sont rebutées par les Architectes; en sorte que celles qui sont fermes & pleines, égales en couleur & en dureté, & faciles à tailler, sont préférées des uns & des autres. Du nombre des pierres tendres, les unes fermes, & néanmoins faciles à tailler, résistent au fardeau, à l'humidité, à la gelée, & aux intempéries des saisons; les autres, très-tendres & très-foibles, quoique de bonne qualité, ne peuvent résister qu'à un léger fardeau; & d'autres enfin, qui tenant la moyenne proportionnelle entre ces deux espèces, sont inégales en qualité, & ne peuvent être employées que dans les parties des édifices les moins importantes.

On a imaginé depuis quelque temps, de s'assurer par comparaison de la résistance de la pierre sous le fardeau, par un moyen fort simple, de l'invention d'un de nos plus habiles Architectes, M. Soufflot. Ce moyen est de donner aux blocs de pierre destinés à l'épreuve, la même forme & grosseur, de les placer tour à tour entre un massif uni & un levier du deuxième genre, & de charger ensuite peu à peu & à mesure l'extrémité du levier, jusqu'à ce que le bloc s'écrase sous le poids : celui auquel il faut un plus grand poids pour l'écraser, est reconnu avoir le plus de capacité, & est en effet le plus fort, & conséquemment la pierre de même espèce regardée comme la plus solide. Cette épreuve, faite avec exactitude, peut en effet donner des lumières sur la solidité de la pierre : mais dans le corps d'un même bloc, comme dans tous les minéraux & végétaux, il est tant d'inégalité, tant de nuances de dureté & de solidité, qu'on ne sauroit juger qu'imparfaitement de son degré de résistance : la moindre veine, le plus petit fil, souvent imperceptible, en altère beaucoup la qualité, & l'on est souvent étonné que de deux blocs de pareil volume, pris dans la même carrière, dans la même masse & dans le même morceau, tous deux chargés d'un pareil fardeau, l'un s'écrase & l'autre se soutient.

(1) Les hourdages sont des parties de cloisons garnies de plâtre, mortier ou terre.

(2) Les colombages sont des hourdages recouverts de mortier ou plâtre.

(3) Une pierre moulinée est celle dont la surface extérieure est comme mangée des vers. Ce défaut s'est trouvé si régulier dans quelques-unes, qu'il a fait naître en Architecture un ornement qu'on appelle *Vermiculures*.

La pierre que l'on préfère est souvent celle qui est le plus à portée des travaux, sur-tout lorsqu'elle est de bonne qualité, la plus éloignée exigeant des charrois qui l'enchérissent & rendent les édifices dispendieux. Son défaut ordinaire est d'être plus ou moins coquilleuse, & quelquefois graveleuse, ce qui fait un désagrément dans l'appareil, mais ne l'empêche point pour cela d'être très-solide. Les défauts qui doivent la faire rebuter, sont les moyes, les fils, & sur-tout les bousins.

Les moyes sont des parties tendres & humides, qui n'ont pu prendre assez de consistance & de dureté dans la carrière, & qui n'ont point encore lié toutes les parties de la pierre, en sorte qu'elle se sépare quelquefois en deux dans son épaisseur, ce qu'on appelle *déliter*. Ces sortes de pierres ne font pas un grand vice dans la construction, lorsqu'elles sont en petit nombre; les habiles Maçons les emploient même après qu'elles sont détachées, en les remettant exactement dans leur situation naturelle: quelques-uns prennent soin, & ce qui est mieux, de les cramponner, pour maintenir parfaitement les deux pièces ensemble: leurs surfaces, qui se touchent exactement dans toutes leurs parties, quoique sans agens, ne font qu'une, & ne peuvent altérer en aucune façon la solidité des constructions: néanmoins les Architectes sont dans l'usage de les rebuter, ce qui fait qu'on les passe souvent à leur insçu.

Il y a quelquefois dans ces moyes des parties de bousin larges & étendues, qui, lorsqu'elles sont peu profondes, sont plutôt un défaut de propreté que de solidité; aussi a-t-on soin de les tourner du côté de l'intérieur des murs; mais lorsque les Maçons y ont manqué, ils ont l'industrie d'équarrir ces cavités, & de les remplir de petites pièces de pareille pierre, si bien & si adroitement, que les yeux les plus fins ont peine à les découvrir. On en fait autant aux joints des pierres, lorsqu'elles ont des épaufrures, écornures ou manque de pierre qui les feroient rebuter; toutes choses qui se font à l'insçu des Architectes, & qui en effet ne sont point de la bonne construction: ces pièces étant d'un très-petit volume, se détruisent avec le temps, & font tôt ou tard un désagrément dans les façades. Ces petits raccordemens tendent à l'économie de la pierre & à l'avantage des Maçons; aussi ont-ils grand soin d'éviter les yeux des Architectes.

Les fils sont des ruptures qui traversent les pierres & les détruisent; défaut qui doit les faire rebuter. Ces sortes de pierres rendent la maçonnerie peu défectueuse, lorsqu'elles sont comprises dans l'épaisseur des massifs, & sur-tout lorsqu'on a soin de les cramponner. Les Maçons ont aussi grand soin de les faire passer à l'insçu des Architectes, pour éviter toute difficulté.

Les bousins sont des parties de pierres humides & tendres, qui tiennent à leurs lits, qui n'ont aucune consistance, & qu'il faut nécessairement extraire de la pierre avant que de la mettre en œuvre. Cette partie tendre émousse les esprits de la chaux & du mortier, qui servent de liaison, & empêche les pierres de s'unir & faire corps.

Des Murs en général.

La manière de faire des murs étant un des objets les plus importans dans la construction des édifices, on peut dire, avec vérité, que rien n'exige plus d'attention & d'expérience: la qualité du terrein, les différens pays où l'on se trouve, les matériaux que l'on a, & d'autres circonstances qu'on ne sauroit prévoir, doivent décider de la manière de bâtir: celle où l'on emploie la pierre est sans doute la meilleure; mais comme il y a des lieux où elle est fort chère, d'autres où elle est très-rare, & d'autres encore où il ne s'en trouve point du tout, on est obligé alors d'employer ce que l'on trouve, observant de pratiquer dans l'épaisseur des murs, sous les retombées (1) des voûtes, sous la portée des poutres & des linteaux (2), dans les angles & dans les endroits qui ont besoin de sûreté, des chaînes solides en pierre, grès, &c. ou d'avoir recours à d'autres moyens, pour donner aux murs une fermeté immuable.

Des Murs en fondations.

Les fondemens demandent beaucoup d'attention pour parvenir à leur donner une solidité convenable: c'est ordinairement de là que dépend tout le succès de la construction. Suivant Palladio, les fondemens étant la base & le pied du bâtiment, sont difficiles à réparer; & lorsqu'ils se détruisent, le reste des murs ne peut plus subsister. Il faut donc, avant que de fonder, considérer si le terrein est solide, sinon creuser plus avant, ou suppléer au défaut de la Nature par le secours de l'Art: mais, suivant Vitruve, il faut fouiller jusqu'à un bon terrein, qui puisse supporter le poids des murs, bâtir ensuite le plus solidement possible, avec la pierre la plus dure, & avec plus de largeur qu'au rez de chaussée, ce qu'on appelle *empattement*.

L'empattement d'un mur A (*fig.* 10), appelé par Vitruve *Stereobatte*, doit, suivant lui, avoir la moitié de son épaisseur. Palladio (*fig.* 11) lui donne le double, &, lorsqu'il n'y a point de caves, la sixième partie de sa hauteur. Scamozzi (*fig.* 12) lui donne le quart au plus, & le sixieme au moins, quoiqu'aux fondemens des tours il lui ait donné trois fois plus. Quelques-uns (*fig.* 13), lui donnent les trois quarts. Philibert de Lorme & Mansard lui donnent la moitié, & Bruant (*fig.* 14) les deux tiers. Nos Modernes (*fig.* 13) lui donnent à peu près le tiers ou le quart. En général, l'épaisseur des fondemens, dit Palladio, doit être réglée sur la profondeur & la hauteur des murs, sur la qualité du terrein & celle des matériaux qu'on y emploie. C'est, ajoute cet Auteur, à un habile Constructeur qu'il convient d'en juger.

(1) Les retombées des voûtes sont les points où les courbes prennent naissance.

(2) Les linteaux sont les plate-bandes qui terminent le sommet des vuides.

Lorsque

Lorsque l'on veut, dit-il ailleurs, ménager la dépense des excavations & des fondemens, on pratique des piles A B (*Pl.* VI, *fig.* 1), que l'on pose sur le bon fond, & sur lesquelles on bande des arcs C C, observant de faire celles des extrémités B B plus fortes, parce qu'appuyées toutes les unes sur les autres, celles du milieu tendent à pousser au dehors; ce que Philibert de Lorme a fait au Château de Saint-Maur, lorsqu'en fouillant pour les fondations, il trouva plus de quarante pieds de terres remuées; il se contenta pour lors de faire des fouilles d'une largeur convenable à l'épaisseur des murs, fit élever sur le bon terrein, des piles éloignées de douze pieds l'une de l'autre, sur lesquelles il éleva des arcs en plein ceintre, & bâtit dessus comme à l'ordinaire.

Alberti, Scamozzi & d'autres conseillent de fonder ainsi dans les édifices où il y a beaucoup de colonnes, pour éviter la dépense des fouilles & fondemens dans l'intervalle des colonnes, & sur-tout de renverser les arcs C C (*fig.* 2), de maniere que l'extrados des claveaux DD (1) soit posé sur le terrein, ou sur de pareils arcs E E bandés (2) en sens contraire, parce que, disent-ils, le terrein où l'on fonde pouvant se trouver d'inégale consistance, il est à craindre que, dans la suite, quelques piles venant à s'affaisser, ne causent une rupture aux arcades, & conséquemment aux murs élevés dessus: ainsi, par ce moyen, si une des piles se trouve moins assurée que les autres, elle est arc-boutée par les arcades voisines, qui ne peuvent céder, étant portées sur les terres qui sont dessous.

Le sentiment de ces Auteurs, dans cette circonstance, paroît assez mal appuyé sur les vrais principes de la solidité. Par exemple, si le terrein où les piles A A sont fondées, vient à fléchir, les piles fléchiront aussi; en fléchissant, elles entraîneront infailliblement avec elles les claveaux E E & leurs sommiers F F, qui, à leur tour, céderont aux piles supérieures *a a* & aux arcs renversés C C. D'ailleurs il y a lieu de croire que toutes les terres, à la hauteur des arcades, sont rapportées, puisqu'elles n'ont pu servir à fonder les piles; auquel cas elles ne peuvent avoir assez de solidité pour soutenir les voûtes. Quoique cette méthode soit en effet peu solide, il est probable cependant qu'un poids distribué sur une grande surface de terrein, sera toujours sujet à un moindre tassement, que s'il étoit distribué sur une petite surface.

Il faut encore observer, dit Palladio, de donner de l'air aux fondations, par des ouvertures qui se communiquent; d'en fortifier les angles, & d'éviter de placer trop près d'eux des croisées, portes, ou autres vides qui en diminuent la solidité.

S'il arrive, dit Bélidor, qu'en voulant fonder, l'on trouve des sources qui nuisent aux travaux, l'on a soin de pratiquer des puits au delà, & d'y conduire les eaux par des rigoles, pour ensuite les élever avec des machines, ce qui procure le moyen de travailler à sec. On observe aussi, dans leur épaisseur, des petits aqueducs, qui donnent un cours libre aux sources, & les empêchent de nuire aux fondemens.

Des Fondemens sur le bon terrein.

On peut juger, dit Vitruve, de la solidité d'un terrein, par les herbes qui naissent aux environs, par des puits, citernes ou trous de sonde, ou enfin, lorsqu'en laissant tomber dessus, & de fort haut, un corps très-pesant, il ne résonne ni ne frémit; ce qui se connoît par un tambour placé assez près, ou un vase rempli d'eau, dont le calme n'est point interrompu. L'expérience faite, on pose un massif de libages, & par-dessus des pierres ou moëllons en liaison, avec mortier, jusqu'au rez de chaussée. Il arrive néanmoins des occasions où le terrein n'est pas également solide par-tout, même dans un petit espace. On en a vu un exemple, lorsqu'on a fouillé pour les fondemens de la nouvelle Eglise de Sainte Génevieve: l'excavation faite, & le bon terrein trouvé, on reconnut des especes de puits, au nombre de plus de quarante, dont les terres avoient servi à une manufacture de poteries, établie autrefois en cet endroit, & ensuite comblés. On les fouilla de nouveau jusqu'au solide, & on les remplit ensuite en maçonnerie de libages & mortiers, qu'on laissa tasser pendant l'hiver. Le sol ainsi préparé, on y établit des fondemens solides.

Quoique le bon terrein se trouve ordinairement dans les lieux élevés, il y a cependant dans les lieux aquatiques & profonds, des rocs, glaises, graviers, marnes, & même des sables bouillans (3), sur lesquels, après un mûr examen, on peut fonder avec confiance.

Des Fondemens sur le roc.

Ces fondemens sont, dit Vitruve, les plus solides de tous, parce qu'ils sont déjà fondés par le roc même. Ceux que l'on fait sur le tuf & la scarente (4), dit Palladio, ne le sont pas moins, parce que les terreins sont déjà fondés eux-mêmes.

Avant que de s'appuyer sur le roc, il faut s'assurer en plusieurs endroits de sa solidité, par le secours de la sonde; car s'il se rencontroit des cavités qui ne permissent pas d'élever solidement dessus, il faudroit y construire des piliers & bander des arcs pour soutenir la maçonnerie, &, par-là, éviter ce qui est arrivé au Val-de-Grace à Paris, où, lorsqu'on eut trouvé le roc, on crut y fonder solidement: mais les fondemens, élevés à une certaine hauteur, firent fléchir un ciel de carriere, qui avoit été fouillée autrefois; de sorte qu'on fut obligé de le percer, & de construire en sous-œuvre des piliers, pour soutenir l'édifice. Une chose plus sur-

(1) Un claveau est une des pierres qui composent une arcade. Son intrados est sa surface intérieure, & son extrados sa surface opposée.

(2) On dit un arc bandé, parce que son poids le fait bander & roidir contre les piédroits ou piliers.

(3) Les sables bouillans sont très-fins, & remplis de sources.

(4) La scarente est une espece de terrein pierreux, assez solide pour supporter de grands fardeaux, tant dans l'eau que dehors.

prenante encore, rapportée par Brifeux & Jacques-François Blondel, arriva à Abbeville, à la Manufacture de Vanrobès : les fondemens de cet édifice étant élevés en totalité, s'enfoncerent également, & tout à coup, de fix pieds en terre. On chercha le fujet d'un évènement fi fubit & fi général : l'on découvrit enfin que, le même jour, on avoit achevé de percer un puits dans les environs, & que l'ouverture ayant donné de l'aifance aux fources, avoit auffi donné lieu aux fondemens de s'affaiffer. Alors on prit le parti de le combler; ce qu'on ne put faire, malgré la quantité de matériaux que l'on y jeta ; de forte que l'on fut obligé d'y defcendre un rouet (1) de charpente en plein, faifant une efpèce de bouchon, fur lequel on jeta de nouveaux matériaux : mais, ce qui parut incompréhenfible, c'eft qu'après l'avoir comblé, on s'apperçut qu'il y en étoit entré une bien plus grande quantité qu'il ne pouvoit en contenir. Néanmoins l'opération finie, on continua le bâtiment avec fuccès, & il fubfifte encore aujourd'hui.

Alberti & de Lorme rapportent qu'ils fe font trouvés en pareil cas, dans d'autres circonftances.

Une fois convaincu de la folidité du roc, on pratiquera deffus des lits horizontaux par reffauts, fuivant la pente du roc, avec le plus d'affiette poffible, ayant foin de les piquer à la pointe, afin que le mortier puiffe s'y agraffer & faire bonne liaifon.

Lorfque les fondations ont beaucoup de hauteur, on pratique quelquefois des arcs A A (*fig.* 3), dont une retombée B B pofe fur le roc C, & l'autre D D fur le bon terrein E E, ou fur un maffif fait exprès & bien fondé. Il faut alors que les pierres dont il eft compofé, foient pofées fans mortier, jufqu'à la hauteur du roc, ou qu'étant jointes avec le mortier, on lui ait donné un temps fuffifant pour fécher ; fans quoi le maffif & les piles D D taffant d'un côté, & le roc C ne taffant point de l'autre, il ne manque pas d'arriver une défunion dans les arcs A A.

Si l'on eft obligé d'y adoffer la maçonnerie A (*fig.* 4), on y obfervera des arrachemens B B, auffi piqués fur leurs lits, pour recevoir les harpes des pierres. Si la furface du roc A (*fig.* 5) eft inégale, on peut éviter de le tailler, & y employer toutes les mêmes pierres B qui embarraffent l'attelier, & qui, avec le mortier, rempliffent parfaitement les inégalités du roc. Ce genre de conftruction, appelé *pierrée*, étoit très-eftimé des Anciens. Bélidor en fait beaucoup de cas, & prétend que lorfqu'elle s'eft une fois endurcie, elle forme une maffe plus folide & plus dure que le marbre. En effet, on en voit fouvent des exemples : entre autres, en conftruifant les fondemens extérieurs de la nouvelle Halle aux bleds à Paris, on trouva d'anciens murs de ville, qu'il ne fut jamais poffible d'arracher qu'en partie, même avec bien du temps & des peines ; le refte demeura, & fervit aux fondemens des nouvelles conftructions.

Pour faire ces fortes de fondemens, on creufe le roc A (*fig.* 6) fur deux alignemens B C & D E d'environ fix pouces de profondeur, éloignés l'un de l'autre de la largeur néceffaire. On les borde de chaque côté de cloifons de charpente, en forme de coffres F F droits ou par reffauts, en montant ou defcendant, fuivant les inégalités du roc ; on les remplit de menues pierres & de décombres, s'ils font de bonne qualité, obfervant d'en faire les extrémités obliques ou par arrachement. On les corroie enfemble avec le mortier, & on les bat avec la demoifelle, à mefure que la maçonnerie s'éleve, furtout dès les commencemens, afin que les pierres & le mortier, s'infinuant plus facilement dans les cavités du roc, puiffent s'agraffer & s'incorporer avec lui. Si le roc A (*fig.* 7) eft efcarpé, on fe contente d'une feule cloifon B fur le devant, & on remplit l'intervalle de femblable pierrée. La hauteur établie convenablement, la maçonnerie un peu féche, & ayant déjà une certaine fermeté, on détache les cloifons, pour s'en fervir plus loin. Lorfqu'elles font replacées, on humecte d'eau la maçonnerie déjà faite, on bat la nouvelle par-deffus, pour bien lier les deux enfemble, & l'on continue ainfi fur toute la longueur. On élève cette maçonnerie plus ou moins, fuivant les befoins, & l'on pofe les fondemens, fur lefquels on élève les murs à l'ordinaire.

Une femblable maçonnerie, faite avec de bonne chaux, dit Bélidor, eft la plus excellente & la plus commode, difpendieufe à la vérité; mais, tout confidéré, bien moins encore qu'en pierres de taille ou libages, toutes préférables qu'elles foient. Dans les pays où la pierre dure eft rare, on en fait les foubaffemens des gros murs, en corrigeant l'inégalité de fes paremens avec un mortier fin, compofé de la meilleure chaux poffible & de bon gravier ou fable, que l'on applique fur le bord intérieur des coffres. Ce mortier fin fe liant avec celui du milieu, fait un parement uni, qui, avec le temps, devient auffi dur que la pierre, & fait le même effet. Si l'on juge à propos d'y figurer des joints, la méthode la plus ordinaire eft d'appliquer ce même mortier après coup fur les murs, ce que l'on appelle *crépis.*

Des Fondemens fur la glaife.

La glaife, qui a la vertu de retenir les eaux au deffus & au deffous d'elle, eft fujette à de grands inconvéniens en fondation. On ne fauroit s'appuyer deffus bien folidement, fans beaucoup de précautions. Avant donc que d'y affeoir des fondemens, il faut s'affurer de fon épaiffeur & de quelle qualité font les terreins qui lui font inférieurs. Si le bon fond fe trouvoit éloigné en terre, & qu'il fallût trop fouiller pour l'atteindre,

(1) Un rouet eft une forte & folide charpente d'affemblage, fervant, en quelque forte, de premiere affife aux puits, & fur laquelle font appuyées toutes les autres affifes en pierres.

il faudroit alors prendre le parti de fonder sur la glaise, mais sans la tourmenter, en posant dessus & de niveau des grillages A A (*fig.* 8 & 9) avec plate-formes ou madriers B B de charpente, d'environ six degrés d'empattement, arrêtés solidement de chevilles de fer, sur lesquels on élève ensuite les fondemens C C, assises égales sur toute la surface, afin que le terrein puisse s'affaisser également.

Lorsque la glaise paroît sèche & ferme, on se contente quelquefois de plate-formes ou forts madriers assemblés & croisés par d'autres en travers, arrêtés ensemble de chevilles de fer : mais alors il faut environner l'édifice d'un petit mur de maçonnerie, qui puisse arrêter les eaux; sans quoi il est à craindre que délayant peu à peu la glaise, elles ne fassent glisser l'édifice, comme il est arrivé à un corps de bâtiment sur les bords de la rivière, près la Machine de Marly. Voyez, à ce sujet, un Mémoire de M. Perronnet, inséré dans un des Volumes de l'Académie des Sciences, année 17.....

Les grillages forment un assemblage de charpente, composé de longrines D D & traversines E E, garnies dans l'intérieur A, de briques, moëllons ou cailloux à bain de mortier, garnies quelquefois par-dessus de plate-formes ou madriers B B, arrêtés de chevilles de fer.

Il faut bien se garder d'enfoncer des pilots dans la glaise : cette terre visqueuse n'a pas la force de les agraffer; de sorte qu'ils se déstichent à mesure qu'on les enfonce. On a vu souvent des pilots enfoncés très-avant dans des bancs de glaise, s'élancer en l'air avec violence, tandis que l'on en fichoit d'autres à une extrémité opposée; ce qui annonce que cette matière incompressible, se trouvant forcée, presse les pilots de sortir : l'air & l'eau qui s'y trouvent comprimés, peuvent aussi contribuer à les déficher.

Des Fondemens sur le sable.

Le sable est de deux espèces; l'un, qui est le sable ferme, est sans contredit le plus solide, & celui sur lequel on peut fonder sûrement : l'autre, qui est le sable bouillant ou mobile, est celui sur lequel on ne peut fonder, le plus souvent, sans beaucoup de précautions. Lorsqu'il est peu bouillant, il suffit de pratiquer un radier ou massif général, de trois ou quatre pieds d'épaisseur, qui pour lors forme un fond sur lequel on peut bâtir solidement : mais lorsqu'il est fort bouillant, il faut premièrement amasser le plus près possible tous les matériaux nécessaires; deuxièmement, n'entreprendre de fouille que ce qu'on peut en remplir en un jour; troisièmement, poser sur le bon fond, & promptement, un grillage de charpente, ensuite une assise de gros libages, & d'autres par-dessus en liaison avec mortiers, prenant bien garde de creuser autour de la maçonnerie, de peur d'attirer l'eau en donnant du jour aux sources. Si les premières assises paroissent tant soit peu chancelantes, il ne faut point s'effrayer; la maçonnerie bien liée & garnie de mortier prendra bonne consistance, & on la verra s'affermir autant que si elle eût été sur un fond bien solide. On peut voir une ingénieuse méthode de fonder sur un pareil sable, décrite par feu M. de Regmorte le cadet; méthode dont il s'est servi dans la construction du nouveau pont de Moulins.

Il y a en Flandres & loin aux environs, un terrein tourbeux, qui, lorsqu'on y fouille, donne une quantité d'eau si abondante, qu'on ne peut y fonder sans beaucoup de dépense pour les épuisemens. Il faut, avant tout, le sonder, pour s'assurer de la qualité du fond, & sur-tout un peu éloigné de l'endroit où l'on veut bâtir, afin que les sources, éventées, ne puissent inonder les ouvrages. Après beaucoup de tentatives sur une manière de bien fonder dans ce terrein, on a enfin imaginé, & c'est le meilleur parti, de creuser & de construire hardiment la maçonnerie le mieux possible & avec les meilleurs matériaux. Ces sortes de fondemens s'affermissent peu à peu, & ne courent aucuns dangers. Si la maçonnerie de pierrée avoit lieu, dit Bélidor, ce devroit être en cette circonstance; car étant d'une prompte exécution, & faisant bonne liaison, elle forme un massif sur lequel on peut fonder avec confiance.

Une autre manière de fonder sur un terrein sourceux & sujet aux éboulemens, est celle appelée *parcoffre* (*fig.* 10). On fait des tranchées d'environ cinq pieds de longueur, & qui ont de largeur l'épaisseur des murs; on pose le long des terres A A de forts madriers B B, retenus de distance à autres d'étrésillons C C & barres D D, & on remplit l'intervalle de bonne maçonnerie. On continue de même tant qu'il y a des sources, que quelques-uns prétendent arrêter ou détourner, avec de la chaux vive sortant du four, mêlée de moëllons, pierres & mortiers. La maçonnerie ayant pris consistance, on lève les madriers pour s'en servir ailleurs, s'ils ne bouchent point les sources; sans quoi il seroit nécessaire de les laisser en place.

Des Fondemens dans l'eau.

Ces fondemens se font ou par épuisement, ou sans épuisemens.

Dans le premier cas, on environne le terrein où l'on veut fonder, de deux doubles rangs de pieux A A (*fig.* 11), garnis de madriers B B, retenus de liens C C; on remplit l'intervalle D de glaise, ou autre terre grasse, que l'on foule de manière à bien fermer les interstices, après quoi on fait l'épuisement, avec le secours des machines hydrauliques, & on l'entretient pendant les constructions, que l'on fait à sec, comme ailleurs. Cette manière de construire pendant les épuisemens, quoique facile, n'est pas toujours sans inconvéniens, sur-tout lorsque l'on fouille profondément, comme on va le voir.

En 1750, lors de l'établissement d'une Ecole Royale Militaire, on forma le projet d'un puits capable de fournir de l'eau en abondance, à l'imitation de celui de l'Hôtel des Invalides, dont les sources, venant du fond, sont regardées comme intarissables. Ces deux puits, peu éloignés l'un de l'autre, sembloient aussi devoir différer bien peu dans leur construction. On se trompa ; car aux Invalides, la source du fond se trouva à soixante pieds de profondeur, & à l'Ecole Militaire à cent quarante pieds.

Pour la construction de ce dernier, on employa trois années entières, sans aucune interruption de jour ni de nuit. On commença par une excavation A (*Pl.* VII, *fig.* 1), de trente-six pieds de diamètre, dans laquelle on plaça une espèce de cuve BB en charpente avec madriers CC, bien assemblés & ferrés, à dessein de la faire descendre, & de la remplacer par de semblables, à mesure qu'on avançoit la fouille. Mais tandis qu'on fouilloit, les terres extérieures s'ébouloient, & pressant inégalement la cuve, en retenoient une partie, tandis que l'autre descendoit. On établit alors un fort mouton, pour faire descendre la partie retenue ; mais inutilement. On continua la fouille jusqu'à trente-quatre pieds, & l'on plaça dans l'intérieur une semblable cuve DD, mais plus petite. Peu après parut la nape d'eau, qu'on épuisa, & ensuite un banc de glaise : mais plus on fouilloit, plus les eaux & les éboulis arrivoient en abondance. Les cuves demeuroient & se rompoient par la pression des terres, au point qu'on prit le parti de poser le rouet, d'élever dessus la maçonnerie EE, bien cramponnée, & faire descendre le tout, en fouillant dessous. Les premières assises firent d'abord pencher le niveau ; mais un peu d'art le redressa, & l'on continua de charger avec de nouvelles assises, & de fouiller, jusqu'à ce qu'enfin à quatre-vingts pieds de profondeur, sept ou huit de ces assises FF se détachèrent & descendirent, tandis que les autres, faisant environ soixante pieds de hauteur, demeuroient en l'air, évènement qui étonna : cependant on rejoignit les deux maçonneries EE & FF avec d'autres assises, & l'on moësa le tout avec un assemblage de forte charpente GG. L'opération finie, on fouilla de nouveau, & tout descendit de quelques pieds, pour rester en l'air, comme auparavant. Pendant ce temps-là, les épuisemens se continuoient, mais à l'extérieur des fouilles, & fort peu dans l'intérieur, depuis qu'un banc de glaise de quatre-vingts pieds d'épaisseur, pressant l'extérieur de la maçonnerie, retenoit une partie des eaux de la surface de la terre. On se détermina donc à construire en sous-œuvre un autre puits HH, que l'on chargea aussi peu à peu de maçonnerie. Ce dernier descendit d'environ trente pieds, & demeura en l'air comme le précédent. Désespéré, l'on prit le parti de sonder. La sonde rapporta des terres de différente nature que celles qu'on avoit vues jusqu'alors, & qui annonçoient des sources prochaines. On reprit courage, & l'on fouilla, retenant pour lors les terres avec un exagone II de palplanches couchées & assemblées par les extrémités, que l'on posoit à mesure. On descendit ainsi environ vingt-quatre pieds, & l'on découvrit enfin le sable bouillant qui contenoit les sources. On détacha promptement toutes les machines, laissant flotter les bois ; & les eaux du fond, réunies à celles de la terre, remontant à leur niveau naturel, laissèrent dans ce puits une profondeur d'eau d'environ cent dix pieds.

Le deuxième cas a lieu dans les bras de mer, lacs, étangs, & dans tous les lieux où les épuisemens deviendroient trop dispendieux ou impraticables.

Pour fonder en mer, on prend le temps de la marée basse, pendant lequel on unit le terrein, on plante les repairs & les alignemens. On emplit ensuite plusieurs bateaux des matériaux nécessaires, que l'on approche pendant la marée haute ; &, par un temps commode, on jette où l'on veut bâtir, des moëllons, pierres ou cailloux les plus gros, sur les bords, avec le meilleur mortier possible, dont on fait plusieurs lits de loin & de son mieux. L'on comprend pour ce massif AA (*fig.* 2) plus d'emplacement que l'édifice n'en peut contenir, afin qu'autour des murs il y ait un empattement assez grand pour en assurer le pied, auquel on donne un talut d'une fois & demie ou deux fois la hauteur : on l'environne quelquefois de pieux BB, pour le préserver des dégradations qui pourroient arriver dans la suite, & l'on travaille ainsi par reprises, sans qu'il puisse en résulter aucun danger. La maçonnerie une fois élevée au dessus des eaux, tasse & prend consistance ; après quoi on pose un grillage de charpente, sur lequel on bâtit, comme nous l'avons vu.

La ville de Marsale, en Lorraine, située au milieu d'un marais très-spongieux, a été bâtie par les Romains, sur un massif de briquetage d'environ sept à huit pieds d'épaisseur. Ce massif a pris une telle consistance, qu'on prétend dans le pays qu'il ne forme plus qu'une seule voûte, dont le dessous n'a point de fond. Au dessus de cette ville est l'étang de l'Yndre, au milieu duquel est un pareil massif, qui a servi aux fondemens d'une ancienne ville qu'on appeloit *Tarquinpole*, & qui n'est plus actuellement qu'un vieux château ruiné ; & au dessous la ville de Moyenvic, bâtie aussi sur un pareil massif.

La manière de fonder dans les lacs & les étangs, est par cailloux (*fig.* 3), dont le fond en charpente est couvert de madriers bien calfatés, & les bords garnis de manière que les eaux ne puissent s'y introduire. Leur hauteur doit excéder la profondeur des eaux où ils doivent être placés, à laquelle on ajoute au besoin des hausses, afin que les ouvriers n'en soient point incommodés. Si le fond est en pente, on le redresse, en jetant çà & là, & presque à l'aventure, une quantité de cailloux & pierres, jusqu'à ce que le terrein se trouve à peu près de niveau. On arrange ensuite les cailloux AA (*fig.* 4, 5 & 6), on les fixe d'alignement, & on les remplit de bonne maçonnerie BB. A mesure que l'ouvrage avance, son propre poids le fait descendre & prendre assiette au fond de l'eau. Cette manière de fonder est très-solide, & d'un grand usage sur les bords de la mer & aux environs.

Des

Des Fondemens sur pilotis.

L'usage des pilotis est d'un grand secours dans les terreins peu solides, & qui deviennent de plus en plus mauvais à mesure qu'on les fouille. En ce cas, on creuse le moins possible, & l'on pose sur le fond un grillage de charpente A A (*fig.* 7 & 8), couvert de madriers B B, retenus au pourtour de pilots de bordage C C, appelés *heurtoirs*, dont les intervalles sont quelquefois garnis de palplanches, pour empêcher le courant des eaux de dégrader la maçonnerie, avec d'autres semblables D D, appelés *pilots de remplage*, placés dans l'intérieur; les uns & les autres enfoncés en terre au refus du mouton, pour empêcher le pied de la fondation de glisser, comme il est arrivé quelquefois, & singulièrement à Berg-Saint-Vinox, dit Bélidor, où une grande partie du revêtement de face d'une demi-lune, s'étant détachée, a glissé d'une seule pièce jusqu'au milieu du fossé.

La meilleure manière de fonder sur pilotis, est de poser le grillage sur plusieurs rangs de pilots en échiquier, enfoncés au refus du mouton, & tous récepés de niveau, arrêtés dessus de fortes chevilles de fer, environnés de pilots de bordages & palplanches, & garnis de maçonnerie dans tous les vides intérieurs, sur lequel on élève les fondemens à l'ordinaire. Jusqu'à présent on a toujours employé cette méthode dans la construction des piles de ponts, avec le secours des batardeaux & des épuisemens, qui font une des plus fortes parties de la dépense. On a cherché, à la vérité, à l'éviter, en fondant par caissons; mais la difficulté étoit de scier les pieux de niveau au fond de l'eau. M. Bélidor fit à ce sujet quelques tentatives infructueuses. M. de Vogli, Ingénieur des Ponts & Chaussées, fit de nouvelles découvertes plus heureuses, & les perfectionna. M. Perronnet, premier Ingénieur, Artiste sûr, en connut tout le prix, & les mit au jour. L'essai en grand a réussi parfaitement, & l'usage qu'on en fait actuellement dans la construction des ponts, prouve tous les jours le succès de l'invention & son utilité, que nous devons à ces deux grands Artistes.

Si les pilots tendent à affermir toutes sortes de mauvais terreins, ils sont quelquefois très-dangereux dans des lieux aquatiques & spongieux, en ce qu'ils évantent les sources, ébranlent le terrein, & le rendent souvent plus mauvais qu'auparavant. On en a vu quelquefois qui, ayant été enfoncés la veille au refus du mouton, se sont trouvés déſichés le lendemain par la force des sources.

Palladio recommande de faire les pilots en chêne, de leur donner la huitième partie de la hauteur des murs élevés dessus, & en grosseur la douzième partie de leur longueur, jusqu'à douze pieds, & seulement treize à quatorze pouces pour les longueurs au delà, afin d'éviter les gros calibres; d'en brûler la pointe & la tête, pour les endurcir; de les frapper ensuite à petits coups redoublés, pour éviter, dit-il, d'ébranler le fond, & enfin de les éloigner l'un de l'autre d'un diamètre au moins, & de deux au plus. Vitruve conseille de les faire en bois d'aune, d'olivier ou de chêne, &, lorsqu'ils sont fichés, de remplir les vides & les intervalles des grillages avec les crasses des charbons de terre & de bois, ou mieux encore de pierres & cailloux à bain de mortier.

La longueur des pilots doit être fixée suivant l'éloignement du bon fond; l'expérience seule peut la déterminer. Pour s'en convaincre, on en chasse un exprès, dont on a mesuré exactement la longueur, jusqu'à ce que le terrein fasse résistance; & sachant de combien il est enfoncé, on peut fixer la longueur des autres, & leur grosseur à proportion. Leur extrémité inférieure doit être en pointe de diamant, longue d'une fois & demie ou deux fois leur grosseur, ni plus ni moins; car, d'un côté, cette pointe étant trop foible, s'émousse à la moindre partie dure qu'elle rencontre; & de l'autre, on a de la peine à faire entrer les pilots en terre. Il arrive souvent qu'on arme cette même pointe A (*fig.* 9) d'une lardoire ou sabot en fer (*fig.* 10), à trois ou quatre branches, pour en faciliter l'entrée, & leur tête B d'une forte frette (*fig.* 11), pour l'empêcher d'éclater. Ces pilots doivent être plantés en ligne droite, retournée suivant la maçonnerie, & espacés de trois en trois pieds de milieu en milieu.

Les pilots de bordage A A (*fig.* 12) doivent être garnis entre eux de palplanches ou madriers appointés par le bas, quelquefois ferrés aussi d'une lardoire, & enfoncés au refus du mouton. Ces pilots ont souvent des rainures A A de chaque côté de l'épaisseur des palplanches (*fig.* 14), entre lesquelles on les fait entrer à force, pour maintenir le tout ensemble.

Des Murs en élévation.

Si les murs en fondation exigent tant de précautions, ceux en élévation en exigent aussi beaucoup, pour parvenir à l'entière perfection des uns & des autres réunis, & concourir ensemble à la sûreté des édifices : tels sont fermes & solides, parce qu'ils sont peu élevés & peu chargés, qui s'écrouleroient s'ils l'étoient davantage; tels autres sont trop dispendieux & trop forts, n'ayant rien à porter. Leur solidité, en général, dépend de la qualité des matériaux que l'on emploie, & plus encore de la manière de les employer & de les placer à propos. On ne doit donc rien négliger à ce sujet, & tendre au succès de ses entreprises par les combinaisons les mieux réfléchies.

Plusieurs choses sont indispensables en élevant les murs; 1°. que les premières assises au rez de chaussée soient en pierres dures, même jusqu'à une certaine hauteur, si l'édifice est élevé. L'humidité n'ayant point d'action sur la qualité dure de la pierre, le pied de l'édifice en sera préservé, & en soutiendra plus aisément le poids. 2°. Que toutes les pierres soient posées sur leurs lits, c'est-à-dire, dans la même situation qu'elles étoient dans la carrière; ce qui se connoît par une suite de veines de même espèce, qui se continuent à peu près parallélement, & qui étoient placées horizontalement. Sans cette précaution, les pierres n'ont point de force, & sont très-sujettes à s'éclater. 3°. Que celles qui sont sur un même rang d'assises, soient de même qualité & du pareil banc de carrière, s'il est possible, afin que le poids supérieur, chargeant également sur toute la surface, trouve aussi une résistance égale sur la partie inférieure. 4°. Que toutes les pierres, moëllons, briques ou autres matériaux soient bien liés ensemble & de niveau. 5°. Lorsqu'on emploie le plâtre, de laisser des intervalles A A (*Pl.* VIII, *fig.* 1 & 2) entre les arrachemens & les harpes (1) des chaînes BB, afin qu'étant sujet à renfler & pousser les premiers jours, il puisse faire son effet librement; intervalle que l'on remplit lors du ravalement. 6°. Enfin, lorsque l'on craint un affaissement par la surcharge des murs d'une très-grande élévation, ou par le poids des planchers & voûtes qu'ils doivent porter, il est bon & même nécessaire de construire des arcades ou décharges CC (*fig.* 1), appuyées sur des chaînes solides BB. Les Anciens, au lieu d'arcades, qu'ils n'avoient pas l'art d'appareiller, employoient de longues & fortes pièces de bois d'olivier CC (*fig.* 2), qu'ils posoient sur la longueur des murs, ce bois ayant seul la vertu de s'unir avec le plâtre ou le mortier, sans se pourrir. Les murs en élévation sont de trois espèces; les murs de face, les murs de refend, & les murs de clôture.

Des Murs de face.

Ces murs, qui sont face sur les rues, cours & jardins, sont percés au rez de chaussée, de portes, croisées ou autres ouvertures, pour faciliter les communications extérieures & intérieures, & dans les étages supérieurs, seulement de croisées, pour procurer du jour aux appartemens. On les construit le plus souvent en pierres, mais quelquefois en moëllons recouverts de plâtre. Ces derniers, peu solides, mais aussi peu couteux, sont destinés aux bâtimens de peu d'importance.

La beauté de l'appareil étant une des choses les plus essentielles dans la construction des murs de face, il est mieux de faire en sorte, 1°. que toutes les assises soient d'égale hauteur, ce qu'on appelle à assises égales; 2°. que les joints extérieurs soient le plus serrés possible, à quoi les Anciens étoient fort attentifs; car, comme on l'a vu, lorsqu'ils appareilloient leurs pierres, ils les assembloient sans mortier, avec une si grande justesse, que les joints étoient presque imperceptibles, & leur poids seul étoit suffisant pour les rendre fermes. Il est dangereux de faire des joints trop serrés ou trop larges: les uns ont leurs arêtes sujettes à s'éclater, lorsque les pierres viennent à se toucher; les autres sont non seulement désagréables à la vue, mais même facilitent un plus grand tassement, qui contribue à ébranler le bâtiment. L'épaisseur ordinaire est celle d'une latte A A (*fig.* 3) d'environ une ligne & demie ou deux lignes au plus, que l'on place aux angles & aux milieux, ou une lame de plomb de pareille épaisseur A A (*fig.* 4 & 5), comme on faisoit autrefois dans les anciens bâtimens, & comme on a fait au Louvre, aux Châteaux de Clagny, de Maisons, & ailleurs; 3°. de laisser les paremens extérieurs un peu forts, pour avoir de quoi retondre & dresser lors du ravalement. On prétend que les Anciens laissoient un pouce de plus, ce qui paroît hors de vraisemblance, par la description des anciens ouvrages dont l'Histoire fait mention.

L'épaisseur des murs de face diffère suivant leur hauteur: la plus commune est depuis dix-huit pouces jusqu'à trois pieds, quatre à cinq pieds pour les édifices d'importance, & souvent au delà pour les monumens publics; mais toujours proportionnément aux charges qu'ils ont à porter, & à la grandeur & quantité des vides qui y sont pratiqués. Leur hauteur varie aussi suivant les espèces de bâtimens: ceux destinés aux habitations, ont environ huit à dix toises au plus, observant à l'extérieur A (*fig.* 6) un talut ou retraite BB d'environ six lignes par toise, & l'intérieur CC à plomb; ou, s'il est aussi en retraite, il faut faire en sorte que son axe D (*fig.* 7) soit à plomb de celui des murs de fondation E. Les angles doivent être renforcis, à cause de la poussée des voûtes & arcades, de la butée des plate-bandes, du poids des planchers & croupes de combles; espèce d'irrégularité que l'on corrige extérieurement par des avant-corps faisant partie de l'ordonnance, & intérieurement par des revêtissemens de lambris.

Des Murs de refend.

Ces murs, ainsi appelés parce qu'ils refendent en quelque sorte les bâtimens en plusieurs parties, les séparent en effet de manière à former plusieurs pièces dans les appartemens. Leur objet principal est, 1°. de joindre ensemble les murs de face, & de leur donner de la liaison, afin qu'étant réunis, &, pour ainsi dire, groupés, ils puissent concourir à se soutenir mutuellement; 2°. d'avoir plus de force & de solidité que tout autre pour porter les plate-bandes, voûtes & planchers; 3°. de contenir toutes les ouvertures de communication des appartemens de chaque étage, ainsi que tous les tuyaux de cheminée, qu'il n'est pas permis, & qu'on ne peut même sans danger incruster ni adosser à des séparations d'une autre espèce.

Leur épaisseur peut différer comme aux précédens, suivant leur hauteur; mais l'ordinaire est depuis quinze jusqu'à dix-huit & vingt pouces, & jusqu'à vingt-quatre dans les grands édifices, sur la hauteur totale. On les construit en pierres ou moëllons, avec mortier ou plâtre, dans les grands édifices, mais seulement en moëllons avec mortier ou plâtre, dans la plupart des autres, observant de

(1) Les harpes sont des parties plus saillantes les unes que les autres, destinées à faire liaison.

pratiquer dans leur épaisseur des chaînes ou piédroits en pierre, sous la portée des voûtes, poutres, solives, sablieres, ou dans les parties qui doivent être affoiblies par des ouvertures.

Des Murs de clôture.

Ces murs, qui en effet servent à clorre les cours, basse-cours, jardins, parcs, ou autres emplacemens quelconques, n'ont à porter que leur propre poids. Les uns sont faits en moëllons ou pierrailles, avec mortier de chaux & sable, quelquefois entremêlés de chaînes de pierres A A (*fig.* 8), qui les rendent plus solides; les autres sont faits aussi en moëllons ou en pierrailles, mais avec mortier de terre, quelquefois entremêlés de chaînes de pareils moëllons, avec mortier de chaux & sable. Ces chaînes, placées ordinairement de douze en douze pieds, servent à les entretenir fermes, sans quoi ils sont sujets à se détruire promptement, principalement lorsque les moëllons ont peu de liaison. On observe, autant qu'il est possible, d'employer les plus dures à leur pied, pour le préserver des humidités de la terre, réservant les plus tendres pour le haut. On couvre le sommet de ces murs d'un chaperon en moëllons mêlés de mortier ou plâtre, ou, ce qui est beaucoup mieux & plus solide, en dales de pierre dure, à un égout (*fig.* 9), à deux égouts (*fig.* 10), rondes (*fig.* 11), courbes (*fig.* 12), ou plates (*fig.* 13), bien jointes avec un mastic fait de limaille de fer & d'eau-forte.

Des Murs mitoyens.

Les murs de refend & de clôture, depuis le pied de leur fondation jusqu'à leur sommet, sont de propriété unique ou de propriété commune : les uns appartiennent à un seul propriétaire, & se font à ses frais : alors il est obligé d'en faire égoutter toutes les eaux sur sa propriété, & conséquemment d'en faire les chaperons à un seul égout (*fig.* 9) de son côté, le voisin ne devant souffrir aucune incommodité d'un mur auquel il n'a point de part, sinon celles qu'il occasionne pendant sa construction : les autres appartiennent en commun à deux ou plusieurs propriétaires, suivant les conventions d'acquisition ou de partages entre les cohéritiers, & se font à frais communs dans le temps de leurs constructions : alors on en fait les chaperons (*fig.* 10) de manière à pouvoir égoutter les eaux également sur les propriétés.

Des Murs de terrasse.

Une autre espèce de murs qui exige bien des précautions, sont ceux destinés à retenir les terres : ces murs, différens des précédens en ce qu'ils n'ont qu'un parement visible, se font de deux manières; les uns, qui ont peu d'épaisseur (*fig.* 14 & 15, 16 & 17, & *Pl.* IX, *fig.* 1 & 2, 3 & 4), sont en récompense fortifiés par des éperons ou contre-forts A A, B C D, & sont beaucoup moins dispendieux. Les Anciens plaçoient ces contre-forts en dehors A A, ou en dedans B C D, droits A A D, circulaires B, & à angle aigu C, ou autres formes, suivant les différens systêmes qu'ils adoptoient.

Leur épaisseur, dit Vitruve, doit être relative à la poussée des terres, les contre-forts qu'on y ajoute ne devant servir qu'à les fortifier : ils doivent être, dit-il, d'autant plus forts, que les terres poussent plus en hiver qu'en été, étant alors humectées des pluies, neiges & autres intempéries de cette saison. On les fait ordinairement à plomb du côté des terres E, & en talut du côté opposé F; quelquefois à plomb des deux côtés, mais en leur donnant plus d'épaisseur, ou en plaçant extérieurement ou intérieurement des contre-forts aussi en talut. Plusieurs donnent à leur sommet la sixième partie de leur hauteur, & de talut la septième & quelquefois la huitième.

Vitruve donne aux contre-forts pour épaisseur, saillie & distance de l'un à l'autre, l'épaisseur du mur, & pour empattement, sa hauteur. En général, l'épaisseur de ces murs ne peut être constante, & doit varier suivant la quantité & la qualité des terres contre lesquelles ils sont appuyés.

Lorsque l'on veut supprimer les contre-forts, & que ces murs doivent soutenir des terres ou sables rapportés, dont le poids du pied cube soit à celui d'un pareil volume de maçonnerie, comme trois à quatre, leur épaisseur au dessus des retraites de la fondation doit être au moins du tiers de sa hauteur, & le talut du parement d'un pouce par pied.

Observation.

Avant que de construire les terrasses, il faut en élever les murs avec les épaisseurs & talus convenables; on fait ensuite plusieurs tas des terres, suivant leur qualité; on les apporte, & on remplit l'intervalle entre le mur & le terrein, par lits de niveau, mais inclinés vers le terrein, en commençant par celles qui poussent le plus, réservant les autres pour les dernières; précaution qu'il faut prendre pour éviter l'inégalité des poussées. On les affermit & on les bat à mesure, continuant ainsi jusqu'au rez de chaussée.

Des Cloisons.

Les cloisons sont des espèces de murs qui, dans leurs vrais principes, n'en sont pas, mais qu'on appelle ainsi, parce qu'ils ont la même destination que les autres. Il en est de deux sortes; les unes, qu'on appelle *cloisons de face*, sont celles qui, comme les murs de face, sont tournées du côté des rues, cours & jardins, & percées comme eux de semblables ouvertures; les autres, qu'on appelle *cloisons de refend*, sont celles qui, comme les murs de refend, portent une partie des planchers, séparent les pièces des appartemens, & contiennent les ouvertures de communication seulement; les unes & les autres (*Pl.* XVI, *fig.* 1 & 2) élevées à deux ou trois pieds du sol, hors des humidités de la terre, sur des parpins G G de pierre dure, appuyés sur des murs H H bien fondés, sont construites en bois de charpente d'assemblage A B C, lattés, hourdés, & quelquefois enduits d'environ six, huit & dix pouces d'épaisseur sur toute la hauteur des bâtimens, jusqu'au faîte, ce qu'on appelle pour lors cloison de fond, montant de fond, ou portant de fond.

Il y a encore des espèces de cloisons de refend très-légères (*fig.* 5 & 6), destinées seulement aux séparations des pièces & aux ouvertures de communication : on les construit en planches, lattées, hourdées, & enduites par-dessus d'environ trois ou quatre pouces d'épaisseur, sur la hauteur de chacune des pièces qui les contient. Ces cloisons ne montent jamais de fond, & sont, le plus souvent, en porte à faux sur les planchers ; mais comme elles sont très-légères, elles ne peuvent, en aucune façon, en altérer la solidité.

On fait aussi, en quelques endroits, des cloisons en briques, posées de champ en liaison, & enduites des deux côtés, mais qui ont fort peu de solidité, si elles ne sont pas doublées, c'est-à-dire, faites de deux briques d'épaisseur, ou mieux d'une seule brique posée de plat. Ces sortes de cloisons sont, à la vérité, dispendieuses, mais aussi ne sont point, comme les autres, exposées aux dangers du feu.

Des Ravalemens.

Les ravalemens sont une dernière façon que l'on donne aux murs élevés, pour en approprier les faces & les rendre plus agréables à la vue. Les Anciens, dit Vitruve, laissoient un pouce de plus à la surface des murs, pour avoir de quoi retondre lors du ravalement ; ce qui devoit être trop considérable, & faire un trop grand déchet dans la bâtisse. On se contente de laisser deux ou trois lignes au plus, ce qui est très-suffisant.

Ces ravalemens se font à paremens apparens ou à paremens recouverts, chacun façonné de diverses manières; les uns, lorsque les murs sont en pierre, ont leurs paremens taillés après coup, & dressés à la règle, & leurs joints bien garnis, ce qu'on appelle jointoyés, ou marqués sensiblement pour en faire voir la coupe des pierres, ce qu'on appelle beauté d'appareil. Lorsque les murs sont en moëllons, les paremens sont bruts, c'est-à-dire que les pierres sont employées comme elles arrivent de la carrière, rustiquées, c'est-à-dire, équarries & taillées grossièrement au marteau; ou enfin piqués, c'est-à-dire, équarries & piquées proprement à la pointe du marteau : les autres sont ceux dont les murs sont crépis, gobetés ou enduits : de ce nombre sont ceux à paremens bruts, ainsi que les planchers & cloisons hourdés.

Les murs crépis sont ceux que l'on couvre de mortier ou plâtre liquide passé au panier, appliquant ce dernier avec un balai de bouleau. Les murs gobetés sont ceux que l'on couvre de plâtre passé au panier, & sur lequel on passe la main pour l'unir. Les murs enduits sont ceux que l'on couvre de plâtre passé au sas, & sur lequel on passe la truelle, & ensuite le fer bretellé.

Des Renformis & Lancis.

Lorsqu'il arrive des dégradations dans les vieux murs, & qu'on est obligé de les réparer, ou que l'on juge à propos d'y percer des ouvertures, alors on y remet de nouvelles pierres & moëllons où il en manque ; on en place de bonnes au lieu de mauvaises, ce qu'on appelle *lancis*; on redresse les murs que le temps a fait fléchir ou tourmenter, ce qu'on appelle *renformis*; on ajoute aux uns & aux autres des gobetages crépis ou enduits, suivant les circonstances.

De la Pierre.

De tous les matériaux qui concourent à l'édification des bâtimens, la pierre tient, sans contredit, le premier rang : cette matière, dure & ferme, facile à tailler, porte des fardeaux immenses, & résiste à la gelée & autres injures de l'air; elle est très-abondante en certains cantons, & d'une si grande utilité avec le secours de l'Art du Trait, qu'elle est devenue en quelque sorte indispensable.

Avant les découvertes sur la coupe des pierres, on ne pouvoit s'assurer de la poussée des terres & de l'effort des voûtes, ni de la résistance des murs & contre-forts qui les soutenoient ; mille difficultés imprévues survenoient pendant l'exécution des ouvrages; on détruisoit pour construire ensuite, souvent à plusieurs fois, ce qui rendoit les édifices très-dispendieux & moins solides : l'immensité des poids d'ailleurs qu'il falloit transporter, un travail lent & pénible, un déchet considérable, autant de considérations, qui, aidées de l'Art du Trait, firent préférer l'union de plusieurs pierres plus faciles à mettre en œuvre, & abandonner la méthode des Anciens, de faire des colonnes, architraves, plate-bandes, &c. d'une seule pièce. C'est donc à cet Art que nous devons la légèreté des édifices, & la facilité de les exécuter, inconnue jusqu'alors à nos prédécesseurs; Art qui a été poussé très-loin & avec témérité par les Goths, dont le principal but étoit de s'attirer des admirateurs. Malgré nos découvertes, nous sommes devenus plus modérés; nous n'en faisons usage que dans des cas indispensables & relatifs à l'économie ou à la distribution, les préceptes de l'Art n'insinuant point une singularité présomptueuse, & l'air de solidité étant préférable.

On distingue ordinairement de deux sortes de pierres, l'une dure & l'autre tendre ; la première, sans contredit la meilleure, a ses pores plus resserrés, & lutte plus aisément contre les injures du temps & le courant des eaux, mais résiste souvent moins à la gelée, qui la fend & la détruit.

En général, toutes les parties qui composent la pierre, contiennent une infinité de pores remplis d'eau, qui, venant à s'enfler par la gelée, font effort pour remplir plus d'espace ; & la pierre, ne pouvant résister, se fend & tombe par éclats : ainsi, plus elle est composée de parties grasses & argileuses, plus elle doit avoir d'humidité & être sujette

sujette à la gelée; raison pour laquelle on ne la tire des carrières que pendant l'été.

La pierre a trois dénominations, suivant sa grosseur; la première, qui est la pierre de taille, ou à la voie (1), mesurée au pied cube, est la plus pleine, la plus belle & la meilleure de toutes. On la distingue en quartiers, lorsqu'il n'y a qu'un seul bloc à la voie, ou en carreaux, lorsqu'il y en a deux ou trois; la deuxième est le libage, blocs de pierres rustiques & mal faits, de quatre, cinq, six & quelquefois sept à la voie, mesurés aussi au pied cube, que l'on ne peut équarrir que grossièrement, provenant le plus souvent du ciel des carrières ou de bancs minces, durs, sujets aux moyes, aux fils & à la gelée, ou de celles qui ont été coupées, ou enfin de démolitions.

La troisième, qui est le moëllon, du latin *mollis*, que Vitruve appelle *cæmentum*, mesuré à toise cube, n'est autre chose que l'éclat des pierres, & conséquemment la partie la plus tendre, provenant souvent de bancs minces, graveleux, coquilleux, remplis de moyes & fils.

Des Carrières.

Les carrières (*fig.* 7, 8, 9 & 10) sont des lieux sous terre qui contiennent des masses de pierre AA, BB, CC, DD, qu'un long espace de temps y a formées. Ces masses, dont les dimensions varient, suivant les lieux, depuis six jusqu'à vingt-cinq pieds d'épaisseur, sont composées de plusieurs bancs: les plus élevés AA, trop durs, servent de ciel; les plus bas CC, trop tendres, servent de planchers, & les intermédiaires BB, sont ceux dont on fait usage, les uns pour la pierre, & les autres pour le moëllon: du nombre de ces derniers bancs, il s'en trouve quelquefois d'inutiles, à cause de leurs mauvaises qualités. Les uns & les autres sont séparés par des espèces de joints qu'on appelle *filières*, & portent depuis six jusqu'à cinquante & quelquefois soixante pouces de hauteur; les plus grands volumes, qui ont jusqu'à huit toises de surface, sont rares: on les coupe, pour éviter la difficulté du transport.

On tire la pierre de ces lieux souterrains par des ouvertures de plain-pied, ou en forme de puits: les unes, qu'on appelle *carrières découvertes*, avantageuses lorsqu'il y a plusieurs bancs de bonne qualité, sont peu enfoncées, ce qui fait qu'on en déblaye les terres sans engins (2), & les voitures arrivant jusqu'à leur embouchure, les enlèvent avec facilité: les autres, qu'on appelle *carrières à puits* (*fig.* 7, 8, 9 & 10), sont percées en forme de puits EE d'environ douze pieds de diametre, & enfoncées en terre jusqu'à quatre-vingts ou cent pieds de profondeur. On y descend par des échelles FF, dites *échelles de carrières*, & l'on en tire la pierre avec des grandes roues GG, posées sur leurs formes HH, où les voitures viennent l'enlever.

A mesure que l'on fouille ces lieux souterrains, l'on a soin de pratiquer, ou de laisser de distance en distance, & ou il en est besoin, des piliers II de bonnes pierres, pour supporter le ciel & les terres qui sont dessus. On remplit les intervalles KK des déblais, réservant des espèces de rues LL pour le passage des blocs de pierre jusqu'à l'ouverture EE. L'art de supporter en l'air le ciel des carrières, fait le principal mérite du Carrier, & exige de lui les plus grandes précautions pour la sûreté des travailleurs. On voit ces ciels s'affaisser de jour en jour par le poids immense qu'ils supportent, écrouler & engloutir quelquefois les ouvriers; de sorte que ces malheureux, n'ayant plus d'issues, meurent comme enragés, après s'être mangés les uns les autres. On en a vu manger leurs chandelles, boire leur huile, & creuser leur fosse, pendant qu'on travailloit vigoureusement à une communication par la carrière voisine. Néanmoins on peut, avec les soins & les attentions convenables, éviter les dangers & prévenir les accidens.

Les carrières dont parle Vitruve, & qui sont aux environs de Rome, sont celles de Fidenne, de Pallienne & d'Albe, dont les pierres sont rouges & tendres: on s'en sert après les avoir tirées en été & laissé sécher pendant un an ou deux, afin que, suivant Palladio, celles qui ont résisté puissent être employées hors de terre, & les autres en fondation. Celles de Rora & d'Amiterne sont plus dures; celles de Tivoli résistent à la charge & aux rigueurs du temps, mais non au feu, qui les fait éclater; celles de la terre de labour sont rouges & noires; celles des environs de Venise se coupent à la scie, comme le bois; celles près du lac de Balsène, & dans le Gouvernement Statonique, sont rouges, comme celles d'Albe, mais fermes, & résistent à la gelée & au feu. On en voit, près de la ville de Férente, des anciens ouvrages en Sculpture & en ornemens très-délicats, encore entiers, malgré leur extrême vétusté.

De la pierre dure.

De toutes les pierres dures, la plus belle & la plus précieuse est celle de Liais: cette pierre fine & pleine reçoit facilement la taille des parties d'Architecture & de Sculpture, raison pour laquelle on en fait des chambranles de cheminée, pavés de terrasses, de vestibules, de salles à manger, échiffres (3) d'escaliers, rampes, balustres, entrelas (4), tablettes & appuis de croisées, bases & chapiteaux de colonnes, corniches, & toutes sortes de revêtissemens intérieurs où l'on veut éviter la dépense du marbre. Il en est de cinq espèces; la première, appelée *liais franc*, se tire du fauxbourg Saint-Jacques, derrière les Chartreux; son banc porte cinq

(1) Une voie de pierre est ce qui compose une voiture d'environ quarante pieds cubes, attelée de trois ou quatre chevaux.

(2) Les engins sont les instrumens propres à élever & transporter les fardeaux.

(3) Les échiffres sont les limons des escaliers, sur lesquels on chiffre les marches, ce qui leur en a fait donner le nom.

(4) Les entrelas sont des ornemens en plate-bandes ou moulures qui s'entre-coupent avec régularité.

à six pouces de hauteur, & sa couleur est un peu grise; la seconde, appelée *liais féraut*, se tire des mêmes carrières; son banc, plus dur que le précédent, porte huit à neuf pouces de hauteur; sa couleur est d'un gris cendré : la troisième, appelée *liais rose*, se tire de quelques carrières près Saint-Cloud; son banc porte six à sept pouces de hauteur; sa couleur est d'un blanc nuancé d'un rose très-pâle : cette pierre, ferme & pleine, reçoit un très-beau poli : la quatrième, appelée *liais franc de Saint-Leu*, se tire le long des côtes d'une montagne près Saint-Leu-sur-Oise : son banc porte cinq à six pouces de hauteur; sa couleur est d'un blanc tant soit peu jaunâtre : la cinquième, appelée *liais de Creteil*, se tire des plaines de Creteil, près Paris : son banc porte environ trente à trente-six pouces de hauteur; sa couleur est d'un gris foncé : cette pierre est très-dure, & sujette à des fils. Chaque pied cube revient à environ trente sous, rendu sur l'attelier à Paris.

La pierre dure la plus en usage dans les bâtimens, est celle qu'on appelle communément *pierre d'Arcueil*, mais qui n'a plus lieu depuis plusieurs années que les carrières en sont totalement épuisées : les qualités qu'elle avoit, d'être aussi dure à sa surface que dans son cœur, de résister aux fardeaux, aux humidités & à toutes les injures de l'air, la faisoit préférer dans les premières assises, & quelquefois en fondation : celle à laquelle on donne le même nom, se tire des plaines de Bagneux & de Montrouge, villages peu éloignés d'Arcueil. Les carrières qui la produisent ont trois bancs de bonne qualité : le premier, de haut appareil, porte dix-huit à vingt-quatre pouces d'épaisseur. La pierre, un peu moins parfaite que n'étoit celle d'Arcueil, est néanmoins de bonne qualité, pleine, ferme & solide. Le second, de bas appareil, porte douze à dix-huit pouces; la pierre, de même qualité que la précédente, est un peu plus dure. Le troisième, qu'on appelle *cliquart*, est un bas appareil de six à sept pouces d'épaisseur, plus blanc que les autres, assez semblable au liais, & employé aux mêmes usages : la pierre en est un peu grasse, & sujette à la gelée, raison pour laquelle on la tire pendant l'été. Chaque pied cube revient à environ vingt & vingt-quatre sous, rendu à Paris.

La pierre du fauxbourg Saint-Jacques, appelée *souchet*, tirée des carrières près des Chartreux, de quinze à vingt pouces d'épaisseur de banc, est un peu grise, assez ressemblante à celle d'Arcueil, mais trouée, poreuse, & peu solide : on s'en sert néanmoins dans les bâtimens de peu d'importance. De ces mêmes carrières l'on tire trois autres bancs, dont deux en liais, l'un de cinq à six pouces, & l'autre huit à neuf pouces de hauteur, dont la pierre est belle, blanche & pleine, & un troisième de lambourde, de dix-huit à vingt-quatre pouces de hauteur, dont la pierre, blanche, tendre & inégale, résiste néanmoins au fardeau. Chaque pied cube de souchet coute environ seize sous, rendu.

La pierre d'Arcueil actuelle, tirée des carrières près d'Arcueil, de dix-huit à vingt pouces de hauteur de banc, est assez belle & pleine, mais coquilleuse, sujette aux moyes & aux fils : l'on en tire aussi une lambourde depuis dix-huit jusqu'à soixante pouces de hauteur de banc, qui se délite, parce qu'on ne sauroit l'employer de cette hauteur. Chaque pied cube coute dix-sept à dix-huit sous, rendu.

La pierre tirée des carrières près de l'Observatoire, de dix-huit à vingt-deux pouces de hauteur de banc, est un peu grise & sujette à la gelée, mais pleine & dure, à cause d'une infinité de cailloux dont elle est composée. Le pied cube coute dix-huit sous, rendu.

La pierre du fauxbourg Saint-Germain & de Vaugirard, tirée des carrières près de ce village, de dix-huit à vingt-un pouces de banc, est dure, grise, poreuse, pleine de fils, sujette à la gelée : on la réserve pour les fondations & les bâtimens de peu d'importance. Le pied cube coute seize sous, rendu.

Toutes ces carrières sont à puits, & enfoncées en terre d'environ soixante pieds; leur masse contient à peu près dix à douze pieds d'épaisseur, & leur fouille environ six à sept pieds de hauteur.

La pierre de Passi, tirée des carrières derrière le village, a deux ou trois pieds de hauteur de banc; elle est pleine & bonne à l'eau, mais très-dure & sujette aux fils. Les carrières qui la produisent sont découvertes; leur masse contient à peu près quinze à dix-huit pieds d'épaisseur, & leur fouille huit à neuf pieds de hauteur. Le pied cube coute dix-huit sous, rendu.

La pierre de Chaillot, tirée des carrières derrière le village, assez près de celui de Passi, de vingt à trente pouces de hauteur de banc, est fort bonne, mais coquilleuse, inégale, sujette aux fils & à la gelée. Les carrières qui la produisent sont à puits, d'environ quarante-cinq à cinquante pieds de profondeur : leur masse contient à peu près vingt-cinq pieds d'épaisseur, & leur fouille à peu près douze à quinze pieds de hauteur. Le pied cube dix-sept à dix-huit sous, rendu.

La pierre du fauxbourg Saint-Marceau & d'Ivry, tirée des carrières de la plaine, est de deux sortes; l'une, de quinze à vingt-quatre pouces de hauteur, est bonne & ferme, mais sujette à la gelée, & les volumes en sont fort petits.

L'autre, appelée *lambourde*, de trois pieds de hauteur de banc, est plus tendre, mais bonne hors de terre. Le pied cube seize sous, rendu.

La pierre de Vitri & de Saint-Maur, tirée des carrières près de ces villages, est d'inégale hauteur de banc, fort dure, & résiste parfaitement aux injures du temps; mais les blocs en sont aussi fort petits : on en tire aussi une lambourde de deux pieds & demi de hauteur, tendre, nette & fine, propre à la Sculpture.

Les carrières qui produisent ces deux dernières, sont à puits, d'environ cinquante à soixante pieds de profondeur : leur masse contient à peu près dix à onze pieds d'épaisseur, & leur fouille environ cinq à six pieds & demi de hauteur. Le pied cube dix-sept à dix-huit sous, rendu.

La pierre de Meudon, tirée des carrières de ce village, près Paris, de quatorze à dix-huit pouces de hauteur de banc, est de deux sortes; l'une, dite *pierre de Meudon*, a les mêmes qualités que celle d'Arcueil, mais plus dure, & un peu graveleuse. Il y en a des blocs d'une grandeur extraordinaire: telles sont les deux cimaises supérieures du fronton du Louvre, chacune d'une seule pièce, de cinquante-deux pieds de longueur, huit de largeur, & dix-huit pouces d'épaisseur, du poids d'environ quatre-vingt milliers. Le pied cube environ vingt-quatre sous, rendu. L'autre, dite *rustique de Meudon*, est un peu rougeâtre, plus dure & plus coquilleuse, ce qui fait qu'on ne l'emploie qu'en libage. Le pied cube quatorze à quinze sous, rendu.

La pierre de Saint-Cloud, tirée des carrières de Saint-Cloud, près Paris, de dix-huit à vingt quatre pouces de hauteur de banc, est bonne, blanche, propre à être dans l'eau, & résiste au fardeau, mais un peu coquilleuse, ayant quelques molières. On en fait des bassins, des auges & des colonnes de deux pieds de diamètre, d'une seule pièce.

La pierre de Saint-Nom, tirée de quelques carrières à l'extrémité du parc de Versailles, de dix-huit à vingt-deux pouces de hauteur de banc, a presque les mêmes qualités que celle d'Arcueil, mais grise, coquilleuse, & en partie gelisse.

La pierre de Montesson, tirée des carrières près Nanterre, à trois lieues de Paris, de neuf à dix pouces de hauteur de banc, est très-blanche, & d'un très-beau grain. On en fait des vases, balustres, entrelas & autres ouvrages délicats. Le pied cube vingt-deux à vingt-quatre sous, rendu.

La pierre de Nanterre proprement dite, de dix-huit à vingt-sept pouces de hauteur de banc, est un peu grise: moitié de son épaisseur est d'un grain beau, fin & solide, imitant le liais; l'autre graveleux, grossier, moins dur, & peu solide. Le pied cube seize sous, rendu.

La pierre de la Chaussée, tirée des carrières de ce village, près le port de Marly, ainsi que celle de Bougival, de quinze à vingt pieds de hauteur de banc, a beaucoup de ressemblance au liais, & est très-bonne étant délitée, ce qui la réduit à environ quinze pouces de hauteur.

La pierre de Fécamp, tirée des carrières de la vallée de ce nom, de quinze à dix-huit pouces de hauteur de banc, est très-dure, sujette à la gelée & à se fendre lorsqu'elle n'est pas sèche, ce qui fait qu'on la tire pendant l'été: on l'emploie après avoir séché long-temps sur la carrière.

La pierre de Senlis, qu'on appelle aussi *liais de Senlis*, tirée des carrières de Saint-Nicolas, près cette ville, à dix lieues de Paris, de douze à quinze pieds de hauteur de banc, est très-blanche, pleine & dure, propre aux plus beaux ouvrages d'Architecture & de Sculpture. Le pied cube environ quarante sous, rendu.

La pierre de Vernon, à douze lieues de Paris, en Normandie, de deux à trois pieds de hauteur de banc, est dure, blanche, & difficile à tailler. On la réserve pour la Sculpture.

La pierre de Tonnerre, à trente lieues de Paris, en Champagne, de seize à dix-huit pouces de hauteur, est tendre & blanche, & aussi pleine que le liais. Cette pierre est fort chere, & réservée pour les figures, vases, colonnes, rétables d'autels, tombeaux & autres ouvrages en Sculpture. Le pied cube quarante à cinquante sous, rendu.

La pierre de Caen, tirée des carrieres de ses environs, en Normandie, est fort noire & dure, & reçoit parfaitement le poli. Cette pierre tient beaucoup de l'ardoise; aussi en fait-on des compartimens de pavé dans les vestibules & salles à manger.

Une autre pierre tirée des environs de cette même ville, est celle que nous connoissons à Paris sous le nom de *carreau blanc*.

La pierre de Quilli, tirée de quelques carrieres à trois lieues & demie de Caen, est de deux especes; l'une, appelée *blanc d'albâtre*, très-recherchée pour la Sculpture, porte depuis dix-huit pouces jusqu'à six à sept pieds de hauteur de banc, & des longueurs que l'on peut désirer. Le pied cube pese cent quarante-neuf livres, quatre onces, huit gros. L'autre, appelée *rougelier*, un peu moins dure que la premiere, est très-bonne pour bâtir. Le pied cube pese cent quarante-une livres, huit onces, deux gros. Ces deux espèces de pierres sont calcaires, & approchent beaucoup de notre liais par la finesse du grain, leur blancheur & leur dureté.

Une autre espèce de pierre noire & assez dure, tirée de plusieurs carrieres très-abondantes aux environs de la ville d'Angers, dans l'Anjou, tient quelquefois lieu de celle de Caen. Cette pierre, que les Anciens employoient dans la construction de leurs bâtimens, est d'un grand usage actuellement pour les couvertures.

Il est une autre pierre qu'on appelle *fusiliere*, dure & seche, tenant de la nature des cailloux: il y en a de grises & de noires, à l'usage des terrasses & bassins de fontaine.

La pierre de Meulière, de même espèce que celle dont on fait les meules de moulins, d'ou elle tire son nom, est fort commune. Cette pierre est grise, extrêmement dure & poreuse. Le mortier s'y accroche parfaitement, étant composée d'un grand nombre de cavités. C'est de toutes les constructions la meilleure que l'on puisse faire, sur-tout lorsque le mortier est bon, & qu'on lui donne le temps de sécher. On la tire des environs de la Ferté-sous-Jouarre, près Meaux en Brie, la seule province qui fournisse des meules à toute la France, & même à l'Etranger.

Une pierre tirée des carrières de Montmartre, Belleville, Charonne & autres lieux, qu'on appelle *pierre à plâtre*, est en effet réservée pour la fabrique du plâtre. Cette pierre, peu solide, sujette à se mouliner & à pourrir à l'humidité, ne peut servir qu'à des baraques, cabanes, murs de clôture, & autres ouvrages de mauvaises constructions. Les carrières qui la produisent, sont pour la plupart découvertes: leur masse contient à peu près vingt-quatre à vingt-cinq pieds d'épaisseur, & leur fouille environ douze à quinze pieds de hauteur.

Une autre espèce de pierre dure qui se trouve

en bien des endroits, eſt le grès, qui, n'ayant point de lit, ſe débite en tout ſens par quartiers, ſuivant les dimenſions néceſſaires : il en eſt de deux ſortes ; l'une dure, réſervée pour le pavé, & l'autre tendre, à l'uſage des bâtimens. Cette dernière eſt de bonne qualité, lorſqu'elle eſt ſans fils & de couleur égale. Ses paremens ſont ordinairement piqués, & jamais liſſés : quoiqu'elle ſoit d'un grand poids, & que les membres d'Architecture & de Sculpture s'y taillent difficilement, cependant la néceſſité contraint ſouvent d'en faire uſage. Une cauſe principale de la dureté du grès, vient de ce qu'il ſe trouve preſque toujours à découvert, & qu'alors l'air le durcit extrêmement ; ce qui nous prouve qu'en général les pierres les moins enfoncées en terre ſont les plus propres aux bâtimens : ce que les Anciens ſavoient parfaitement ; car, pour rendre leurs édifices de longue durée, ils préféroient toujours les premiers bancs de carrières, & même les ciels.

Il eſt bon d'obſerver que la taille du grès eſt dangereuſe aux ouvriers novices, par la vapeur ſubtile qui en ſort, & que les ouvriers inſtruits évitent en travaillant en plein air & à contre-vent. Cette vapeur, dit un Auteur, eſt ſi fine, qu'elle traverſe les pores du verre ; expérience faite par une bouteille d'eau bien bouchée, placée près de l'ouvrage d'un Tailleur de grès, dont le fond s'eſt trouvé, quelque temps après, couvert d'une pouſſière fine.

De la Pierre tendre.

La pierre tendre a l'avantage de ſe tailler facilement & de s'endurcir à l'air : la meilleure eſt la plus égale en dureté & en couleur : on la réſerve pour les étages ſupérieurs, tant pour en diminuer le poids, que pour les décharger de celui qu'elles ſont incapables de ſupporter. On doit éviter de les employer dans les lieux aquatiques, l'humidité les détruiſant en fort peu de temps.

La pierre de Saint-Leu, tirée des carrières de Saint-Leu-ſur-Oiſe, depuis deux juſqu'à quatre pieds de hauteur de banc, eſt de quatre eſpèces différentes. La première, appelée communément *Saint-Leu*, tirée de la carrière dont elle porte le nom, eſt ſujette à ſe déliter ; mais elle eſt fine, douce, tendre, & d'un blanc tant ſoit peu jaunâtre. La ſeconde, appelée *pierre de Maillet*, tirée d'une carrière de ce nom, près Saint-Leu, eſt ferme, pleine, très-blanche, aucunement ſujette à ſe déliter, & par conſéquent propre aux ornemens d'Architecture & de Sculpture. La troiſième, appelée *pierre de Trocy*, tirée des carrières de Trocy, près Saint-Leu, eſt de la même eſpèce que la précédente, mais de toutes les eſpèces de pierres, celle dont le lit eſt le plus difficile à trouver. La quatrième, appelée *pierre de Vergelée*, eſt de trois ſortes ; l'une, tirée d'un banc des carrières de Saint-Leu, eſt médiocrement dure, ruſtique & graveleuſe, mais réſiſte au fardeau & à l'humidité ; on s'en ſert aux voûtes de caves, d'écuries & autres lieux humides : une autre, tirée des carrières de Velliers, près Saint-Leu, a les mêmes qualités que la précédente, & eſt moins dure, plus belle & meilleure ; une autre enfin, tirée des carrières ſous le bois, eſt plus tendre, plus griſe & plus veinée que le Saint-Leu, mais ne peut réſiſter au fardeau. Les carrières qui produiſent cette pierre ſont ſi abondantes, qu'elle eſt preſque la ſeule dont on faſſe uſage à Paris & dans les environs. Le tonneau de quatorze pieds cubes ſe vend au port de la Conférence à Paris, environ neuf livres, rendu ſur l'attelier.

La pierre de tuf, du latin *tofus*, eſt une pierre blanche, poreuſe, à peu près ſemblable à celle de Meulière, mais infiniment plus tendre, & très en uſage en quelques endroits, en France & en Italie, pour la conſtruction des bâtimens.

La pierre de craie, depuis neuf juſquà dix-huit & vingt pouces de hauteur de banc, eſt extrêmement blanche, pleine, tendre, poreuſe, & aucunement bonne à l'humidité, qui la détruit en très-peu de temps : on en fait néanmoins un grand uſage en Flandres & dans toute la Champagne, pour la conſtruction des bâtimens. Les carrières qui la produiſent, pour la plupart découvertes, ſont très-abondantes : leur maſſe contenant à peu près dix à douze pieds d'épaiſſeur, ne ſe fouillent point, & les terres ſe déblayent à meſure.

De la Pierre, ſuivant ſes qualités.

On appelle pierre franche, celle de la meilleure qualité poſſible, qui ne tient ni de la dureté des ciels, ni du tendre ou bouſin des fonds de carrière.

Pierre pleine, celle qui eſt dure & ferme, ſans trous, moyes, molières, coquillages ni cailloux, comme les plus beaux liais & la pierre de Tonnerre.

Pierre entière, celle qui n'a aucuns fils ni veines caſſées ou fêlées ; ce qu'on connoît par le ſon qu'elle rend après l'avoir frappée.

Pierre vive, celle qui s'endurcit dans les carrières comme dehors, ainſi que les marbres & les liais.

Pierre fière, celle qui eſt dure & sèche, s'éclate quelquefois en la taillant, comme les liais.

Pierre de couleur, celle qui, tenant de quelque couleur, cauſe quelquefois un agrément dans les façades.

De la Pierre, relativement à ſes défauts.

On appelle pierre humide, géliſſe ou verte, celle qui, nouvellement tirée de la carrière, n'eſt pas encore privée de ſes humidités.

Pierre graſſe, celle qui eſt compoſée de parties argileuſes & humides, & conſéquemment ſujette à ſe feuilleter & à geler.

Pierre feuilletée, celle qui ayant été gelée, ſe délite par feuillets, & tombe par écailles.

Pierre délitée, celle qui a été fendue dans les lits.

Pierre moulinée, celle qui, étant graveleuſe, s'égraine à l'humidité.

Pierre moyée, celle qui contient des parties tendres dans ſes lits.

Pierre

Pierre fêlée, celle qui contient un fil ou veine qui traverse.

Pierre coquilleuse ou coquillère, celle dont les paremens taillés sont remplis de trous ou coquillages, comme le Saint-Nom, près Versailles.

Pierre trouée ou poreuse, celle qui est couverte de trous, comme le rustique de Meudon, la meulière, le tuf, &c.

Pierre de sous pré, celle du fond de la carrière de Saint-Leu, qui est poreuse & remplie de trous, & dont on ne fait point d'usage, à cause de ses mauvaises qualités.

De la Pierre, relativement aux défauts de main-d'œuvre.

On appelle pierre gauche, celle qui, en sortant des mains de l'ouvrier, n'a pas ses surfaces unies & planes, ni les paremens parallèles & conformes aux épures (1).

Pierre coupée, celle qui, ayant été mal taillée & parconséquent gâtée, ne peut servir pour l'endroit où elle avoit été destinée.

Pierre en délit, celle qui dans la construction n'est pas posée sur son lit de la même manière qu'elle l'étoit dans la carrière. On distingue le délit proprement dit, du délit en joint, en ce que l'un est lorsque le lit de carrière fait parement de face, & l'autre, lorsque ce même lit fait parement de joint.

De la Pierre, relativement à ses façons.

On appelle pierre en debord, celle que les Carriers envoient à l'attelier sans être commandée.

Pierre d'échantillon, celle qui est assujettie aux dimensions envoyées aux Carriers par l'Appareilleur, & auxquelles les Carriers sont obligés de se conformer.

Pierre au binard, celle qui est d'un si gros volume qu'on ne peut la transporter que par des charrois extraordinaires, & attelés de plusieurs chevaux, comme celles qui ont servi aux extrémités des frontons du Louvre & de Sainte Géneviève à Paris.

Pierre bien faite, celle où il y a peu de déchet en l'équarrissant.

Pierre velue, celle qui est brute comme elle a été amenée de la carrière.

Pierre ébousinée, celle dont on a ôté le tendre & le bousin.

Pierre tranchée, celle à laquelle on a fait une tranchée dans le dessein de la couper.

Pierre débitée, celle qui est sciée à la scie sans dents pour les pierres dures, & à la scie à dents pour les pierres tendres.

Pierre d'appareil, celle qui est destinée à faire partie d'un appareil de voûte ou de façade.

Pierre de haut ou bas appareil, celle qui porte plus ou moins de hauteur de banc, après avoir été ébousinée.

Pierre en chantier, celle qui est calée & disposée pour être taillée.

Pierre essemillée, celle qui est équarrie & taillée grossièrement à la pointe du marteau, pour être employée dans les gros murs ou fondemens, comme à ceux des bâtimens de la place de Louis XV, & de celui de la nouvelle église de Sainte Géneviève.

Pierre hachée, celle dont les paremens sont taillés à la hache.

Pierre layée, celle dont les paremens sont taillés avec le marteau brettelé.

Pierre rustiquée, celle dont les paremens sont piqués grossièrement à la grosse pointe.

Pierre piquée, celle dont les paremens sont piqués à la pointe du marteau.

Pierre riflée, celle qui a été passée au riflard.

Pierre traversée, celle dont les traits des brettelures se croisent.

Pierre polie, celle qui a reçu le poli de manière qu'on ne voit plus aucune trace des outils qui ont servi à la travailler.

Pierre taillée, celle qui a reçu toutes ses façons, & qui est prête à mettre en place.

Pierre retaillée, celle qui ayant été coupée, ou provenant de démolition, est retaillée une seconde fois.

Pierre nette, celle qui est équarrie & atteinte au vif.

Pierre retournée, celle dont les paremens opposés sont d'équerre & parallèles entre eux.

Pierre louvée, celle à laquelle on a fait un trou méplat à sa surface supérieure, pour y appliquer la louve.

Pierre d'encoignure, celle qui est destinée à occuper une place dans l'angle d'un bâtiment.

Pierre parpeigne, de parpin, ou faisant parpin, celle qui, traversant l'épaisseur d'un mur, fait parement des deux côtés.

Pierre fichée, celle dont l'intérieur des joints est bien garni de mortier, par le secours du couteau à ficher.

Pierre jointoyée, celle dont on a bien bouché les joints, & ragréée avec le mortier ou le plâtre.

Pierre fusible, celle qui, changeant de nature, devient transparente par le secours du feu.

Pierre statuaire, celle qui est propre à la Sculpture en figures.

Pierres à bossage ou de refend, celles qui, dans leur position, représentent la hauteur des assises par leurs joints refendus de plusieurs manières.

Pierres artificielles, toutes sortes de briques, tuiles ou carreaux, pétries, moulées, cuites ou crues.

De la Pierre, relativement à ses usages.

On appelle première pierre, celle qui, dans les premiers fondemens d'un édifice, est destinée à contenir quelques médailles d'or ou d'argent, & tablettes de cuivre avec inscriptions relatives à l'édifice, & les armes de celui par les ordres duquel il est construit; opération qui se fait avec plus ou moins de magnificence, suivant l'importance du

(1) L'épure est le dessin développé d'une voûte ou plate-bande.

bâtiment & la dignité de celui qui préside à la cérémonie. Cet usage, qui avoit lieu du temps des Grecs, est le moyen par lequel nous avons connu la plupart des époques de leurs monumens, qui auroient été indubitablement perdues dans les différentes révolutions qui sont survenues.

Dernière pierre, celle que l'on place sur la face d'un bâtiment, & sur laquelle sont gravées des inscriptions qui apprennent à la Postérité le motif de son édification, comme on en voit aux portes des villes, places & fontaines publiques.

Pierre percée, celle qui se pose sur un pavé de cour, remise ou écurie, pour donner du jour & de l'air à une cave, ou sur un puisard, pour faciliter l'entrée des eaux pluviales.

Pierre à châssis, celle qui contient une ouverture avec feuillure, pour recevoir une grille de fer, ou un bouchon à l'usage des fosses d'aisances, regards, &c.

Pierre à évier, celle qui, étant un peu creuse, est placée à hauteur de pavé dans les cuisines ou lavoirs, pour faciliter l'écoulement des eaux.

Pierre de gargouille, celle qui, étant creusée en demi-cercle, est placée aussi dans les cuisines ou lavoirs, pour l'écoulement des eaux.

Pierre à laver, celle qui, formant une espèce d'auge très-plate, est placée à hauteur d'appui dans les cuisines, & sert pour laver les vaisselles.

Pierre perdue, celle que l'on jette pour fonder dans la mer, fleuves, lacs, &c. ou en caissons, ou encore dans les maçonneries de blocage.

Pierres incertaines, que l'on emploie comme elles arrivent de la carrière.

Pierre jectisse, celle que l'on peut poser à bras, & pour laquelle on n'est point obligé d'employer les engins.

Pierre d'attente, celle que l'on a laissée en bossages pour y tailler des ornemens ou y graver des inscriptions; ou encore celle qu'on a laissée en harpes ou arrachemens, pour attendre & faire liaison lors de la construction des murs voisins.

Pierres milliaires, celles qui, en forme de bornes ou de socles, chez les Romains, étoient placées sur les grands chemins de mille en mille toises, depuis la millière dorée de Rome, pour marquer la distance des villes de l'Empire; ce que nous avons appris des Historiens, par ces mots, *prima*, *secunda*, *&c. ab urbe lapis.* On en voit maintenant dans toute la Chine, & depuis peu en France.

Pierres de rapport, celles qui, étant de plusieurs couleurs, sont réservées pour les compartimens de pavé en mosaïque.

Pierres précieuses, toutes pierres rares, comme l'agate, le lapis & autres, dont on enrichit les ouvrages de marqueterie & de mosaïques anciennes, qui étoient de pierres de rapport.

Pierres spéculaires, celles qui, chez les Anciens, étoient transparentes, comme le talc, le gypse, & que l'on débitoit par feuilles très-minces, pour employer aux vitrages des croisées. La meilleure, suivant Pline, se tiroit d'Espagne. Il en est parlé au second Livre des Epigrammes de Martial.

Pierres noires, rouges ou blanches, celles qui servent aux ouvriers de bâtimens pour tracer sur la pierre, le bois, le fer, &c.

De la Pierre, relativement à sa forme.

On appelle appui, celle qui est placée dans l'épaisseur du tableau d'une croisée, & sur laquelle on s'appuie.

Seuil, celle qui, étant placée dans l'épaisseur d'une porte, sert de battement à la porte de menuiserie.

Borne, celle qui en forme de cône tronqué dans son sommet, est placée aux encoignures de pied-droits, portes, remises, ou le long des murs, pour en éloigner les voitures.

Banc, celle que l'on place le long des murs de cours, basse-cours ou jardins, pour servir de siége.

Marche, celle qui fait partie d'un escalier, & sur laquelle on marche, d'où elle tire son nom.

Dalle, celle qui, étant très-mince & dressée, sert de couvertures aux terrasses.

Caniveau, celle qui, étant très-plate, sert de pavé dans les cuisines & offices, ou tant soit peu creusée, sert à l'écoulement des eaux des aqueducs, pierrées, &c.

Du Moëllon.

Le moëllon, qui est l'éclat des pierres équarries, en est la partie la plus tendre, & tient de la nature de celles dont il est sorti. Sa qualité principale est d'être bien équarri & bien gissant ou plat, ce qui consomme moins de mortier ou de plâtre. Le meilleur est celui qu'on tire des carrières d'Arcueil, de Bagneux & des environs, revenant à environ cinquante livres la toise cube, rendue. Celui du fauxbourg Saint-Jacques est très-bon, très-abondant, mais fort mal fait; celui de Passy & de Chaillot est bon, mais inégal; celui du fauxbourg Saint-Marceau & d'Ivry est fort bon, mais moins abondant que par-tout ailleurs. Ces trois derniers reviennent à quarante-huit livres la toise cube, rendue; celui de Nanterre est extrêmement abondant, mais le plus tendre de tous les moëllons durs, ce qui le fait employer par préférence dans les parties élevées : on ne laisse pas néanmoins d'en faire un grand usage. Il revient à environ quarante-cinq livres la toise cube, rendue. Celui de Meulière est le plus dur de tous, & ne peut être équarri, à cause de sa trop grande dureté; aussi l'emploie-t-on comme il est : il revient à cinquante livres la toise cube, rendue.

Du Moëllon, relativement à ses façons.

On appelle moëllon de roche, celui qui est tiré des roches, trop dur pour être équarri, & qu'on emploie comme il est; moëllon bourru, celui qui est trop mal fait pour être équarri, & qu'on emploie comme il est; moëllon émullé, celui qui est ébousiné & grossièrement équarri, pour être employé aux murs de clôture & autres de peu d'importance; moëllon piqué, celui dont les paremens extérieurs sont piqués à la pointe du marteau, après avoir été ébousiné & équarri; moëllon apparent, celui qui, n'ayant été couvert d'aucun crépi ou enduit, est visible & apparent.

Du Moëllon, suivant ses usages.

On appelle moëllon d'appareil, celui qui, étant apparent, est de hauteur & largeur égales, équarri à vives arêtes, & posé bien de niveau & en liaison égale.

Moëllon de plat, celui qui est posé horizontalement sur son lit dans la construction des murs à plomb.

Moëllon de coupe, celui qui est posé sur son champ (1) dans la construction des voûtes.

De la Brique.

La brique est une espèce de pierre artificielle, dont l'usage est très-nécessaire dans la construction des bâtimens. On s'en sert avantageusement au lieu de pierre & de moëllon, & de préférence en certains genres de construction, comme aux voûtes légeres, aux foyers, aux contre-cœurs & languettes de cheminée. Cette pierre rougeâtre, qui se fait au moule, est indispensable dans les pays où il n'y en a d'aucune autre espèce.

La terre propre à faire la brique est appelée communément *terre glaise*. Le choix étoit fort recommandé par Vitruve, pour celle qui, mêlée de foin & de paille hachée & séchée au soleil, étoit destinée aux petits murs, cloisons & planchers : celle qui est un peu rouge est beaucoup moins estimée; les briques qui en sont faites sont plus sujettes à se feuilleter & à se pulvériser à la gelée. Suivant cet Auteur, il y en a de trois sortes, une très-blanche, une rougeâtre, & une autre qu'on appelle *sablon mâle*. Les Interpretes de Vitruve n'ont pu décider quel étoit ce sablon mâle. Pline prétend qu'on l'employoit de son temps pour faire la brique; Philauder croit que c'étoit une terre sablonneuse & solide; Barbaro pense que c'est un sable de rivière, gras, que l'on trouve en pelotons, comme l'encens mâle; Baldus dit qu'on l'appeloit *mâle*, parce qu'il étoit moins sec & moins aride que les autres. Au reste, la couleur n'est pas ce qui caractérise une bonne terre, il faut qu'elle soit humide, qu'elle s'attache & s'amasse aux pieds, & qu'en la pétrissant on ait de la peine à la diviser. La meilleure est grise ou blanchâtre, mais grasse, sans cailloux ni graviers.

Après avoir choisi une espèce de terre égale & de bonne qualité, il faut l'entasser, y mêler de la bourre & du poil de bœuf, pour la mieux lier, & du sablon, pour la rendre dure & capable de résister au fardeau. Lorsqu'elle est cuite, on la corroie à la houe jusqu'à quatre ou cinq fois, la laissant reposer alternativement. L'hiver est d'autant plus propre à cette préparation, que la gelée contribue beaucoup à la bien corroyer. La pâte faite, on la jette par motte dans des moules de bois des mêmes dimensions que doit avoir la brique, & lorsqu'elle est à demi sèche, on lui donne la forme que l'on juge à propos.

Le temps propre à faire sécher la brique, dit Vitruve, est le printemps & l'automne : l'été la sèche trop promptement & la fait gercer; & l'hiver la sèche peu & fort lentement. Il est encore nécessaire, dit-il en parlant des briques crues, de les laisser sécher lentement & pendant plusieurs années, parce qu'étant employées nouvellement faites, elles se gersent en séchant, & la muraille s'affaissant, fait périr l'édifice. Il étoit défendu dans la ville d'Utique de s'en servir qu'elle n'eût été visitée, & qu'on n'eût été certain qu'elle avoit séché au moins pendant cinq années. La brique crue n'est en usage chez nous que dans le fond des provinces, sinon pour les fours à chaux, à briques ou à tuiles.

On faisoit usage autrefois à Rome de trois sortes de briques; la première, que l'on appeloit Διδόδωρον, qui avoit deux palmes en carré; la seconde, qu'on appeloit Τετράδωρον, qui en avoit trois; & la troisième, qu'on appeloit Πεντάδωρον, qui en avoit cinq. Ces deux dernières ont été fort longtemps en usage chez les Grecs. On y faisoit encore des demies & des quarts de brique, pour placer dans les angles & les terminer. Vitruve rapporte qu'on faisoit à Pitence en Asie, à Calente en Espagne, & à Marseille en France, une espèce de brique de très-bonne qualité, flottant sur l'eau comme la pierre-ponce.

La meilleure brique est celle qui est d'un rouge pâle tirant sur le jaune, d'un grain serré & compact, & qui, lorsqu'on la frappe, rend un son clair. Il arrive assez souvent que les briques faites de même terre, préparées en même temps & cuites en mêmes fournées, sont de différente couleur & conséquemment de différente qualité; ce qui vient du four où elles étoient placées, & où le feu avoit plus ou moins d'ardeur. La manière la plus sûre de connoître la bonne brique, sur-tout pour des édifices d'importance, est de l'exposer à la gelée pendant l'hiver; & celles qui auront résisté sans accident, seront regardées comme bonnes à être mises en œuvre.

La brique se vend au port des Miramionnes à Paris, & revient à environ soixante livres le millier. On a depuis peu découvert le long des bords de la rivière d'Etampes, près Paris, une très-bonne tourbe propre à cuire la brique, & dont le millier reviendroit par ce moyen à environ dix livres, rendue à Paris.

De la Chaux.

La chaux, du latin *calx*, est une pierre cuite

(1) Moëllon posé de champ, est lorsque sa partie latérale est placée de niveau.

& calcinée au four, qui, détrempée avec de l'eau, s'échauffe, se dissout, & devient liquide. Cette pierre, étant seule, n'a aucune action ; mais, réunie avec d'autres agens, a la vertu de lier les pierres ensemble, au point de faire un corps solide, & avec le temps, impénétrable à quoi que ce soit. Si l'on pile, dit Vitruve, des pierres crues, on ne peut en rien faire ; mais si on les fait cuire, on chasse les parties dures & humides qu'elles renferment, elles deviennent poreuses, & en les plongeant dans l'eau, elles se transforment en une pâte liquide qui fait la base du mortier. La meilleure chaux est blanche, grasse, sonore, & sur-tout point éventée : en l'humectant, elle rend une fumée abondante, & lorsqu'elle est détrempée, elle s'unit fortement au rabot. On en reconnoît encore la bonté après la cuisson, lorsqu'après l'avoir bien broyée avec de l'eau, on s'apperçoit qu'elle devient gluante comme la colle.

De la Pierre à Chaux.

Toutes les pierres sur lesquelles l'eau-forte agit & bouillonne, sont propres à faire de la chaux. Celles qui sont tirées nouvellement des carrières humides & à l'ombre, sont très-bonnes. Les plus dures & les plus pesantes sont les meilleures, le marbre même est préférable. Les coquilles d'huître sont aussi très-bonnes ; mais celle qui, dit Vitruve, est faite de cailloux qu'on trouve sur les montagnes, dans les rivières, les torrens, les ravins, est parfaite. Il y a dans les montagnes de Padoue, dit Palladio, une espèce de pierre écaillée, dont la chaux est excellente pour les ouvrages aquatiques & hors de terre, parce qu'elle prend vîte & s'endurcit promptement. Vitruve nous assure que celle que l'on fait avec des pierres dures & spongieuses, est bonne pour les enduits & crépis ; que les pierres poreuses font la chaux tendre, les pierres échauffées font la chaux fragile, les pierres humides font la chaux tenace, & les pierres terreuses font la chaux dure : celle qui est faite avec la pierre de marne, quoique des plus tendres, est néanmoins fort bonne.

Philibert Delorme conseille de faire la chaux avec les mêmes pierres dont on bâtit, parce qu'étant homogènes, dit-il, leurs liaisons se font mieux.

On fait cuire la chaux avec du bois ou du charbon de terre. Ce dernier, plus ardent, a beaucoup plus d'action, cuit plus promptement, & la chaux en est plus grasse & plus onctueuse. Les fours à chaux sont ordinairement situés & construits au pied & dans l'épaisseur des terrasses. On les fait de différentes formes, mais le plus souvent circulaires, d'environ neuf à dix pieds de diamètre, & de la forme d'un œuf, dont la pointe faisant le sommet, est ouverte pour donner issue à la fumée. On y arrange la pierre à cuire, d'abord en voûte, pour contenir le bois, observant de placer près du foyer les plus grosses les premières, ensuite les moyennes, & après les petites. On élève ainsi jusqu'au sommet ; on bouche l'ouverture, & on met le feu, que l'on entretient pendant trente ou trente-six heures que doit durer la cuisson : les fours où l'on emploie le charbon de terre, & même quelques-uns de ceux où l'on emploie le bois, ont leurs foyers percés & évidés par-dessous, couverts d'une grille de fer, pour donner de l'air & souffler le feu. La pierre étant cuite, on la laisse refroidir pour la transporter aux atteliers.

La chaux se vend à Paris quarante-huit à cinquante livres le muid de quarante-huit pieds cubes, rendue aux atteliers.

De la manière d'éteindre la Chaux.

A la vérité, la qualité de la pierre & sa cuisson contribuent beaucoup à sa bonté ; mais la manière de l'éteindre peut la lui faire perdre entièrement, si l'on ne prend toutes les précautions nécessaires.

Anciennement on éteignoit la chaux dans des bassins creusés en terre. Après y avoir déposé les pierres cuites, on les couvroit de deux pieds d'épaisseur de sable ; on les arrosoit d'eau, & on les entretenoit abreuvées de manière que la chaux se dissolvoit sans se brûler. S'il se faisoit des ouvertures, on avoit soin de les remplir de nouveau sable, afin que la chaleur demeurât concentrée. Une fois éteinte, on la laissoit deux ou trois ans sans l'employer : cette matière, après ce temps, se convertissoit en une masse semblable à la glaise, mais très-blanche, grasse & glutineuse, au point qu'on n'en pouvoit tirer le rabot qu'avec beaucoup de peine ; ce qui faisoit un mortier d'un excellent usage.

La manière actuelle d'éteindre la chaux, est de la déposer dans un bassin plat A (*Pl.* X, *fig.* 1 & 2), d'environ deux pieds de profondeur, rempli d'eau, & de l'y remuer à force de bras & de rabot, jusqu'à ce qu'elle soit bien délayée. Il faut observer plusieurs choses essentielles : 1°. que le bassin d'extinction A ait une ou deux rigoles B B, communiquant à un ou deux bassins de provision au dessous, & creusés en terre d'environ six, huit ou dix pieds de profondeur, destinés à recevoir la chaux à mesure qu'elle est éteinte, 2°. que le fond du bassin d'extinction soit plus bas de quelques pouces que celui de la rigole, afin que les corps étrangers s'y déposant, ne puissent couler dans le bassin de provision ; 3°. de faire beaucoup d'attention à la quantité d'eau nécessaire ; trop la noie & diminue sa force ; trop peu la brûle, dissout ses parties, & la réduit en cendres.

Toutes les eaux ne sont pas propres à éteindre la chaux. L'eau bourbeuse & croupie est fort mauvaise, étant composée d'une infinité de corps étrangers, capables d'en diminuer la force. L'eau de la mer, suivant quelques-uns, n'est pas bonne, ou l'est très-peu, parce qu'étant salée, le mortier fait de cette chaux est difficile à sécher ; suivant d'autres, elle fait de bon mortier lorsque la chaux est forte & grasse : on l'emploie aussi avec succès à Dieppe & presque dans tous les ports de France. L'on trouve assez souvent au fond du bassin, des

des parties dures & pierreuses, qu'on appelle *biscuits* : ce sont des pierres mal cuites, qu'il faut mettre à part, & dont le Marchand doit tenir compte. La chaux une fois éteinte, on la laisse refroidir quelques jours, après lesquels on peut l'employer. Quelques-uns prétendent que c'est-là le temps de la mettre en œuvre, parce que ses sels n'ayant pas eu encore le temps de s'évaporer, elle en est par conséquent meilleure. Cependant si l'on juge à propos de la conserver, il faut la couvrir d'un pied ou dix-huit pouces d'épaisseur de bon sable; alors elle peut se garder trois ou quatre ans sans perdre de sa qualité. Vitruve & Palladio prétendent que la chaux gardée long-temps dans le bassin, est infiniment meilleure; & leur raison est que, s'il se trouve des pierres moins cuites ou moins éteintes, elles ont eu le temps de s'éteindre & de se détremper comme les autres, à l'exception néanmoins de celle de Padoue, ajoute ce dernier, qui, lorsqu'elle est gardée, se brûle & se réduit en poussière.

Celle qui est faite avec la marne de Senouche au Perche, durcit fort promptement, même dans le bassin, lorsqu'elle y séjourne quelque temps : le mortier en est excellent pour les ouvrages aquatiques.

Il y a, à Metz & aux environs, de la pierre dure, avec laquelle on fait une excellente chaux qui ne se coule point, & dont le mortier devient si dur, que les meilleurs outils ne peuvent l'entamer: aussi en fait-on des voûtes, sans aucun autre mélange que de gros gravier de rivière. Des Ouvriers, qui n'en connoissoient point la qualité, s'avisèrent de l'éteindre dans des bassins qu'ils couvrirent de sable pour la conserver; l'année suivante, elle se trouva si dure, qu'ils furent obligés de la rompre à force de coin, & de l'employer comme moëllon. On éteint cette chaux, dit Bélidor, en l'abreuvant d'eau à diverses reprises, après l'avoir couverte de tout le sable qui doit en composer le mortier. Melun, Corbeil, Senlis, Boulogne & quelques autres, sont les lieux qui fournissent de la chaux à Paris; Meudon, Chanville, la Chaussée & les environs de Marli sont ceux qui fournissent la meilleure, la plus grasse & la plus onctueuse.

Si l'abondance ou la qualité des sels que contiennent certaines pierres, les rendent plus propres que d'autres à faire de bonne chaux, on peut employer des moyens d'en faire d'excellente dans des pays où elle a peu de qualité. Il est nécessaire pour lors que les bassins soient pavés & revêtus de maçonnerie bien enduite dans leur circonférence, afin qu'ils ne puissent perdre aucune partie de l'eau qui sert à l'extinction de la chaux. On l'éteint & on la coule comme à l'ordinaire; ensuite on broie bien le tout à force de rabot pendant une heure ou deux, & on la laisse rasseoir à son aise. Le lendemain la matière calcaire se trouve déposée au fond du bassin, & la surface est couverte d'une grande quantité d'eau verdâtre, qui contient la plus grande partie des sels dont elle étoit chargée; on recueille cette eau dans des vases ou tonneaux, pour servir à l'extinction d'une nouvelle chaux qui devient par conséquent meilleure, étant composée d'une plus grande abondance de sels. Cette opération se renouvelle plusieurs fois, jusqu'à ce que la chaux ait acquis la qualité suffisante pour être bonne & onctueuse. Les parties calcaires, demeurées au fond des bassins, ne sont pas tant dépourvues de sels, qu'elles ne puissent encore être employées dans les gros massifs ou autres ouvrages de peu d'importance. Cette manière d'avoir de bonne chaux est, à la vérité, dispendieuse: mais doit-on penser à l'économie pour des parties où la solidité doit être indispensable?

De la Chaux, relativement à ses façons.

On appelle chaux vive, celle qui bouillonne dans le bassin d'extinction.

Chaux éteinte, celle qui a été détrempée, & que l'on conserve dans les bassins de provision.

Chaux fusée, celle dont les esprits se sont évaporés, pour avoir été trop long-temps exposée à l'air ou à l'humidité avant que d'être éteinte.

Chaux en lait ou lait de chaux, celle qui a été délayée avec beaucoup d'eau, assez ressemblante à du lait, propre à blanchir les murs & plafonds.

Chaux maigre, celle qui n'étant point onctueuse, contient peu de sels, & ne foisonne point.

Chaux grasse, celle qui forme une pâte onctueuse, & qui contient beaucoup de sels.

Chaux âpre, celle qui contient une grande quantité de sels, comme celle des environs de Metz & de Lyon.

Du Sable.

Le sable est composé de petites pierres ou cailloux usés par le frottement dans le trajet du cours des rivières, depuis les montagnes où elles prennent naissance, dont le grand nombre réuni forme un gravier d'autant plus fin, qu'il approche des bords de la mer. Ce sable diffère des pierres, en ce qu'il est âpre, dur, raboteux & sonore, diaphane ou opaque, suivant les lieux qu'il occupe & les sels dont il est composé. Cette matière étant douce, humide & chargée de parties terrestres, émousse & diminue les esprits de la chaux, & empêche le mortier de faire corps. Le meilleur est le plus net & le moins terreux. On le connoît par sa rudesse & le bruit qu'il fait dans les mains lorsqu'on le touche, ou lorsqu'après l'avoir frotté, il ne reste point de terre entre les doigts; ou lorsqu'après l'avoir secoué sur une étoffe ou un linge blanc, il n'y reste aucune partie terreuse; ou enfin lorsqu'après l'avoir plongé & remué dans un verre d'eau claire, l'eau en est peu troublée. On le distingue en quatre espèces; le sable de mer, le sable de rivière, le sable de ravins, & le sable de terrein.

Le premier est un sablon fin que l'on prend sur les bords de la mer & aux environs. Ce sablon, réuni à la chaux, dit Vitruve, est le moins bon de tous. Les murs qui en sont construits, sont foibles & fort longs à sécher. Les crépis & enduits suintent sans cesse; le sel marin qu'il contient, se dissolvant, fait tout fondre. Alberti assure que celui des environs de Salerne, lorsqu'il n'est pas pris du côté du midi, est le seul de son espèce qui soit bon. Il y a dans les lieux aquatiques & spongieux, dit Bélidor, un sablon excellent, qu'on appelle *sable bouillant*. On le connoît, lorsqu'en marchant dessus il en sort de l'eau.

Le deuxième, tiré des rivières ou des fleuves, est blanc, jaune ou rouge. Ce sable est très-estimé, parce qu'ayant été battu par l'eau, il est dépourvu de toutes parties terrestres. Le plus graveleux est le meilleur, pourvu qu'il ne le soit pas trop; il en est plus propre, étant réuni avec la chaux, à s'agraffer dans la pierre. Celui qui est près des rivages, plus facile à tirer, est moins bon, étant souvent chargé de limon, que le débordement des eaux y dépose, mais néanmoins aussi bon lorsqu'il est débarrassé d'une croûte superficielle de mauvaise terre.

Le troisième, tiré du fond des ravins, est un gravier qui, selon Alberti & Scamozzi, n'a de bon que la surface supérieure, le dessous étant composé de petits cailloux. On s'en sert dans la construction des gros murs, lorsqu'il a été passé à la claie.

Le quatrième, tiré des plaines que les rivières ont le plus souvent parcourues, comme on peut le remarquer par des fouilles où l'on rencontre les mêmes sables roulés, calcaires & vitrifiables, que ces rivières charient, est de deux sortes : l'une, qu'on appelle *sable mâle*, est de couleur d'un brun foncé, égal dans son même lit : l'autre, qu'on appelle *sable femelle*, est de couleur d'un brun plus pâle & inégal : l'une & l'autre sont le sable de cave des Ouvriers & l'*arena di cava* des Italiens. Philibert Delorme l'appelle *sable de terrein*. Pérault n'a point voulu lui donner le nom de *terrein*, de peur qu'on ne le confondît avec celui de *terreux*, qui est de très-mauvaise qualité. Jean Martin, dans sa traduction de Vitruve, l'appelle *sable de fossé*. En général, dit Vitruve, ce sable est très-bon pour la maçonnerie, parce qu'il est gras & se seche promptement : aussi le préfère-t-on pour les murs & voûtes continues; il est aussi très-bon, ajoute-t-il, pour les enduits & crépis, sur-tout lorsqu'il est nouvellement tiré de la terre; car, étant gardé, le soleil & la lune l'altèrent, le grand air le dessèche, & la pluie le dissout & le convertit en terre.

Du Ciment.

Le ciment n'est autre chose que de la tuile ou de la brique concassée. La première, qui est la plus cuite, est dure, ferme, capable de résister aux plus grands fardeaux & de bien s'incruster dans les cavités de la pierre. La deuxième, moins cuite, est plus tendre & plus terreuse, moins capable de supporter le fardeau & de s'incruster dans la pierre. Cet agent, dit Vitruve, ayant retenu, après sa cuisson, la causticité de la glaise dont il tire son origine, est bien plus propre à faire de bon mortier que tout autre. La multiplicité des formes d'ailleurs qu'il a reçues après le concassement, fait qu'il s'incruste aisément dans les inégalités de la pierre; en sorte qu'un mortier de l'un & de l'autre réunis, fait une construction inébranlable, même au fond de l'eau.

Des Poudres.

La pozzolanne tirée des environs de Naples, du mont Vesuve en Italie, & de la ville de Pouzzole, fameuse par ses grottes & ses eaux minérales, est une poudre admirable par sa vertu. Cette matière, réunie à la chaux, joint fortement les pierres, fait corps avec elles, & s'endurcit au fond de la mer, au point que rien ne peut les désunir. Ceux qui en ont cherché la cause, dit Vitruve, ont remarqué que toutes ces montagnes & environs sont remplies de sources bouillantes & de feux souterrains, qui, brûlant perpétuellement la terre & les pierres, en font une poudre légère, sèche & altérée. Cette poudre, composée de grains poreux semblables à la pierre-ponce, se lie aisément avec la chaux, s'endurcit promptement, & forme un corps si dur, que rien ne peut le rompre ni l'entamer. Bélidor la compare en quelque sorte au ciment fait de tuile concassée, qui n'a d'action qu'après sa cuisson.

Vitruve a observé de son temps, qu'on trouvoit de cette poudre par-tout où il n'y avoit point de sable, & dans presque tous les lieux qui contenoient des sources bouillantes; que les montagnes mêmes & les rochers brûlés de feux souterrains, en produisoient aussi des parties les plus tendres : en effet, on voit fort peu de sable de cave dans les environs du mont Apennin & dans la Toscane, où l'on fait usage d'une poudre presque semblable, que Vitruve appelle *carbunculus*, point du tout en Achaïe, du côté de la mer Adriatique, & jamais en Asie, au delà de la mer, où ces sources sont en abondance.

Cette poudre est très-commune en Auvergne & aux environs des anciens volcans, dans quelques-unes de nos provinces.

Aux environs de Cologne & dans le Bas-Rhin, on se sert d'une poudre grise appelée *terrasse de Hollande*, faite de terre cuite écrasée & réduite en poudre avec des meules de moulins. Cette poudre, pure & point falsifiée, étant unie à la chaux, résiste à l'humidité, à la chaleur & à toutes les rigueurs des saisons. Elle est d'un excellent usage pour toutes sortes d'ouvrages aquatiques, & fait une si bonne construction, qu'on l'emploie dans tous les Pays-Bas au lieu de pozzolane, qui y est très-rare, & qui ne se trouve qu'auprès des volcans tant anciens que modernes.

On fait usage dans le même pays d'une poudre qu'on appelle *cendrée*, qui n'est autre chose que la cendre du charbon de terre ou de houille mêlée avec les petites parties de pierre à chaux qui tombent pendant la cuisson sous la grille du fourneau. Ce mélange compose la cendrée, admirable en construction.

A Clermont, à Riom, à Volweck, dans toute l'Auvergne & aux environs, on amasse toutes les petites pierres & pierrailles, débris des pierres-ponces appelées *rapillo*, corrompu de *lapillo*, dont on fait d'excellent mortier.

On recueille aussi dans la campagne & sur le bord des rivières, des cailloux que l'on fait rougir pour les réduire en poudre & faire une espèce de terrasse de Hollande excellente dans les constructions.

Une autre poudre artificielle, qu'on appelle *ciment perpétuel* ou *de Fontainier*, dont on fait un mortier excellent pour les ouvrages aquatiques, est faite, ou de pierres de meules de moulin concassées, ou de vases & pots de grès pilés, ou enfin de mâchefer & crasse de charbon de terre mêlée de ciment.

Du Mortier.

Le mortier, du latin *mortarium*, qui, suivant Vitruve, est plutôt le bassin où on le broie, que le mortier même, est l'union de la chaux avec les sables, cimens ou autres poudres. Cet alliage seul fait la bonne construction. Une chaux de bonne qualité, bien éteinte, réunie à de bonnes poudres, ne suffit point; il faut en proportionner les doses suivant les qualités, les bien broyer, &, s'il est possible, sans y ajouter de nouvelle eau, qui amortit & diminue la force de la chaux.

La propriété du mortier de lier les pierres ensemble & de s'endurcir, venant plutôt de la chaux que des autres matériaux; nous allons voir pourquoi la pierre, qui a perdu sa dureté par la cuisson, la reprend avec le temps, lorsqu'elle est unie avec le sable & l'eau.

Il est incontestable que la dureté des corps vient de la qualité des parties qui les composent; en sorte que la destruction de ceux qui sont les plus durs, vient de la perte qu'ils font continuellement de cette qualité; que si on parvient à la leur rendre, ils reprennent aussi-tôt leur ancienne vigueur.

Le feu, échauffant & brûlant la pierre, en fait sortir les parties humides; ce qui la rend poreuse & légère. Cette pierre, cuite & ensuite abreuvée d'eau, éprouve une fermentation qui, réunie à de bons sables, forme une pâte glutineuse qui joint fortement les pierres ensemble, & fait corps avec elles.

Le plus ou le moins de pores que contiennent certains sables ou poudres, fait la différence de leur qualité : plus ils en contiennent, plus il les faut agiter pour y faire entrer la chaux; c'est pourquoi, plus les frottemens sont réitérés, plus la chaux entre dans ces pores & s'y introduit; aussi le mortier est-il meilleur quelques heures après, & lorsque la chaux est entièrement passée dans le sable.

L'expérience nous apprend que le mortier qui a resté plusieurs jours sans être employé, a perdu sa qualité, ce qui doit déterminer à l'employer de suite : alors il s'insinue & remplit tous les pores ouverts de la pierre, & forme une nouvelle fermentation, jusqu'à ce que le tout ait acquis par le temps une certaine dureté. On voit tous les jours dans la démolition des anciens édifices, des mortiers plus durs & plus difficiles à rompre que les pierres mêmes.

C'est une erreur de croire que la chaux brûle les corps qui se détruisent. Sa chaleur a bien moins de part à sa destruction, que la perte qu'elle fait sans cesse de ses qualités; perte qui cause peu à peu la désunion; en sorte que, n'ayant plus cette vertu pour tenir les parties liées ensemble, elles ne peuvent se soutenir, & tombent en ruine.

Le mortier de chaux & sable diffère suivant la qualité de l'un & de l'autre. Sa dose ordinaire est par égale portion, quelquefois trois cinquièmes, ou deux tiers de sable, lorsque la chaux est bonne, & jusqu'à trois quarts, lorsqu'elle est extrêmement grasse; ce qui est fort rare. Vitruve prétend que le bon mortier contient trois parties de sable de terrein, ou deux de rivière, qui sera meilleur, ajoute-t-il, si à ce dernier on joint une partie de ciment.

Le mortier de chaux & ciment se fait de même que le précédent. Les doses diffèrent aussi suivant la qualité de l'un & de l'autre, auquel on mêle quelquefois du sable.

Le mortier de chaux & pozzolanne se fait aussi à peu près de même & avec les mêmes doses, suivant leur qualité. Il est d'un excellent usage pour les constructions dans l'eau.

Tous ces mortiers se font à mesure des besoins, par le mélange de la chaux & du sable bien remués & corroyés dans des bassins hors de terre, à force de bras & de rabots, sans aucune nouvelle eau, s'il est possible, qui en absorbe toujours les esprits.

Dans les environs de Metz & de Lyon, on fait le mortier en déposant la chaux vive dans le fond du bassin; on la couvre ensuite de sable, de trois à quatre pouces d'épaisseur, on l'arrose à diverses reprises, & on la laisse reposer environ vingt-quatre heures. On peut la conserver en cet état sans qu'elle perde de sa qualité; mais si on vouloit l'employer de suite, il faudroit y ajouter du sable ce qu'il en faut, de manière que le tout ensemble pût faire deux fois le volume de la chaux vive employée. On arrose la surface en proportion, broyant le mortier à mesure qu'on l'emploie. Ce mortier, gardé une quinzaine de jours, devient très-dur, au point qu'on ne sauroit en faire usage.

Une autre manière d'employer cette chaux, est de la pulvériser & de la mêler avec du gros gravier à sec, ce qu'on appelle *chaux retournée* : on la broie bien sans eau, & on la jette ainsi bien doucement dans l'eau, derrière des madriers, mêlée de moëllons & pierrailles. Ce mortier est d'une excellente qualité, & s'endurcit parfaitement, même au fond de l'eau.

Le mortier de chaux & de terrasse de Hollande se fait en quantité qu'on peut employer pendant la semaine. On étend dans le fond du bassin un lit de chaux non éteinte, d'un pied d'épaisseur,

& on l'arrose pour la détremper : on la couvre ensuite d'un lit de terrasse de Hollande de pareille épaisseur, laissant reposer le tout deux ou trois jours, jusqu'à ce que la chaux soit parfaitement éteinte : ensuite on remue le mortier & on le mêle à force de houes & de rabots : on le laisse reposer environ vingt-quatre heures, après quoi l'on en broie à mesure pour l'employer, l'humectant quelquefois un peu, pour qu'il ne perde aucunement de sa qualité. Cette manière est assez en usage en quelques provinces pour le mortier ordinaire, ce qui ne peut qu'ajouter à ses bonnes qualités.

Le mortier de chaux & de cendrée se fait en déposant la cendrée dans le fond d'un bassin appelé *batterie*, pavé & muré dans sa circonférence, de pierres plates & unies, nettoyées & bien propres. On éteint à côté, dans un autre bassin plus élevé, de la chaux, environ la moitié du volume de la cendrée, avec de l'eau en suffisance, qu'on laisse couler dans la batterie, à travers une claie de fil d'archal. On bat le tout ensemble, pendant quelques jours de suite & à diverses reprises, avec des houes & demoiselles, jusqu'à ce que le mortier se forme en pâte fine & grasse : ainsi fait, on l'emploie aussi-tôt, & on le conserve en bon état pendant plusieurs mois, à l'abri de la poussière, du soleil & de la pluie. Il faut avoir soin, lorsqu'on le remue pour s'en servir, d'y mettre très-peu d'eau, & même point du tout, s'il est possible; car à force de bras elle peut devenir grasse & liquide, l'eau ne tendant qu'à la dégraisser & à diminuer sa bonté. On y mêle quelquefois un sixième de tuileaux pilés. Bélidor préfère la terrasse de Hollande, ce qui fait, dit-il, le mortier le plus parfait qu'il soit possible d'imaginer pour les édifices aquatiques. Une des qualités remarquables de ce mortier, est de ne gerser ni éclater, lorsqu'il est employé pendant les mois d'Avril, Mai, Juin & Juillet.

Un autre mortier encore très-bon, est celui qui est fait de chaux mêlée avec la même pierre qui a servi à faire la chaux, concassée & pulvérisée.

Dans les pays où la bonne chaux est rare, on emploie de trois sortes de mortier. La premiere, faite de la meilleure chaux, qu'on appelle *bon mortier*, sert aux ouvrages de conséquence. La deuxième, faite de la plus mauvaise chaux, qu'on appelle *mortier blanc*, sert dans les massifs & dans les fondations; & la troisième, faite du mélange des deux autres, sert dans les gros murs & dans ceux de moyenne conséquence, mais jamais aux ouvrages dans l'eau.

Le moyen de faire prendre le mortier très-promptement, suivant quelques-uns, est de détremper de la suie de cheminée dans de l'urine, & de la mêler avec l'eau qui sert à corroyer le mortier : mais le sel ammoniac, dissous dans cette même eau, a bien plus de vertu, & le fait prendre aussi promptement que le plâtre; ce qui est d'un grand avantage dans les pays où il est rare.

Une manière de faire de bon mortier, suivant M. Loriot, est de mêler un tiers de chaux vive avec deux tiers de mortier ordinaire. Ce mortier prend & s'endurcit si promptement, qu'il a pu, dit-il, en faire des vases dont la matière est très-dure. Avec une partie de brique pilée, passée au sas, deux parties de sable fin de rivière, passé à la claie, une partie de chaux vieille éteinte, & le quart du tout en chaux vive, il a fait un mastic propre à contenir les eaux d'un bassin.

Un Amateur propose un excellent mortier, fait avec le mélange de deux tiers de sable & un tiers de chaux vive plongée dans l'eau à plusieurs reprises. Corroyé & employé aussi-tôt, ce mortier, dont la chaux contient encore toute sa vertu, a bien plus d'action dans les murs que celui dont la chaux a perdu une grande partie de ses esprits par l'eau & les opérations; le même Auteur a imaginé une composition de granit, dont il promet la connoissance au Public lorsqu'il en aura fait faire la statue du Roi.

Le mortier, quel qu'il soit, dit Vitruve, ne peut se lier, faire corps ni bonne liaison dans les murs, s'il ne reste quelque temps humide : s'il est prompt à sécher, le grand air dissipe ses esprits & lui ôte ses facultés : si au contraire il est lent à sécher, il a le temps de pénétrer dans les pores de la pierre & de s'y endurcir; ce qui fait que les ouvrages en terre, long-temps humides, ont bien moins besoin de chaux que les autres; car une petite quantité de chaux fait autant d'effet pendant un long temps qu'une grande dans peu de temps. C'est pour cette raison que les Anciens préféroient les gros murs, parce qu'ils étoient long-temps humides, & en conséquence s'endurcissoient davantage.

Il faut éviter, autant qu'il est possible, de faire le mortier à découvert, une abondance de pluie lui étant préjudiciable, comme aussi de l'employer pendant les gelées & même avant, lorsqu'on peut craindre qu'il n'ait pas assez de temps pour sécher. Le froid, glaçant l'eau qu'il contient encore, amortit ses esprits, fait renfler & fendre les murs de tous côtés, au point que, n'ayant plus de corps, ils se désunissent & tombent par éclats; raison pour laquelle on cesse toujours les bâtimens en hiver & avant les gelées, lorsqu'on a lieu de les craindre.

Du Plâtre.

Le plâtre, du grec πλατηρ, propre à être formé est d'une propriété très-avantageuse dans les bâtimens. Cette pierre étant cuite, se suffit à elle-même; &, avec un peu d'eau, s'endurcit & fait corps sans aucun secours. La principale vertu qu'il acquiert par le feu, est non seulement de se lier lui-même, mais aussi de lier ensemble tous les corps qu'il approche, & de s'unir intimement à eux en très-peu de temps. La promptitude de son action le rend si essentiel & si nécessaire, qu'on ne peut trouver de matiere plus utile, & qu'on ne peut, pour ainsi dire, s'en passer ni le remplacer dans la construction.

La pierre propre à faire le plâtre se trouve, comme les autres, dans le sein de la terre, se calcine au feu, blanchit & se réduit en poudre après sa cuisson. Il en est de trois sortes : la première, d'un jaune luisant, transparente & feuilletée, est parfaite;

étant

étant cuite, elle devient très-blanche; & employée, le plâtre en est si fin, beau & luisant, qu'on le réserve pour les figures & ornemens de sculpture, ainsi que pour les modèles. La deuxième, blanche & remplie de veines transparentes & luisantes, est très-bonne. La troisième, plus grise, est préférée par les Chaufourniers, comme moins dure à cuire. Il y a des provinces où elle est très-rare; & d'autres où elle est très-commune. Les carrières de Montmartre, de Belleville, de Charonne, de Meudon, de Châtillon, d'Anet sur Marne, & autres lieux qui en fournissent à Paris & dans les environs, sont très-abondantes.

La manière de faire cuire la pierre à plâtre consiste à lui communiquer une chaleur capable de la dessécher peu à peu, & de faire évaporer l'humidité qu'elle renferme. Pour y parvenir, il faut arranger les pierres dans le fourneau, *fig.* 3, 4 & 5, & en former plusieurs voûtes AA, assez près les unes des autres pour contenir autant de foyers; approcher près d'elles d'abord les plus grosses, ensuite les moyennes, & enfin les petites, jusqu'à une certaine élévation; en sorte que la chaleur ait toujours une action égale & proportionnée à leur volume. Il faut faire attention que le plâtre soit assez cuit, & point trop; car d'un côté il n'a pas pris assez de qualité, & est aride & sans liaison; & de l'autre il a perdu ce que les ouvriers appellent l'*amour du plâtre*. On le connoît aisément à son onctuosité, & lorsqu'en le maniant on y sent une espèce de graisse qui s'attache aux doigts, la seule qualité qui le fasse prendre, durcir promptement, & faire bonne liaison.

Le plâtre, une fois cuit, doit être pulvérisé & employé aussi-tôt; sans quoi le soleil l'échauffe & le fait fermenter, l'humidité en diminue la force, l'air en dissipe les esprits, & il devient mou & sans onction, ce qu'on appelle *éventé*. Lorsqu'on ne peut l'employer sur le champ, comme dans les pays où il est fort cher, on le conserve encore long-temps bon dans des tonneaux bien fermés, placés dans des lieux secs & à l'abri des ardeurs du soleil.

Si pour quelques ouvrages de conséquence on avoit besoin de plâtre de la meilleure qualité possible & parfaitement cuit, il faudroit pour lors choisir dans le fourneau le meilleur & le mieux cuit, & le mettre à part avant que les Chaufourniers aient mêlé & confondu le tout ensemble, suivant leur coutume.

Le plâtre se vend onze à douze livres le muid, contenant vingt-sept pieds cubes en trente-six sacs, rendu sur l'atelier.

Pour employer le plâtre, on le délaye, ce qu'on appelle gâcher, avec de l'eau seulement à peu près par égale portion, plus ou moins cependant, suivant les occasions. On met dans l'auge d'abord la quantité d'eau nécessaire, ensuite le plâtre par pellée, l'étendant peu à peu & promptement jusqu'à ce qu'il joigne la surface de l'eau; ensuite on le remue avec la truelle & on le broye parfaitement, jusqu'à ce qu'il soit humecté par-tout également. Lorsque les ouvrages exigent une certaine solidité, & que le plâtre prend promptement, on y met peu d'eau, ce qu'on appelle gâcher serré; on l'emploie alors par truellée, le jettant à poignée sur les murs & y passant la truelle par-dessus. Lorsque ces ouvrages exigent des précautions & que pour cela le plâtre prend lentement, on met un peu plus d'eau, ce qu'on appelle gâcher clair; on l'employe aussi par truellée & poignée; alors, étant long à s'endurcir, il laisse le temps de faire l'ouvrage suivant les sujétions nécessaires. Lorsque les parties ont de l'étendue, comme les enduits & crépis, on met encore plus d'eau, ce qu'on appelle gâcher liquide; on l'emploie par aspersion avec le balai de bouleau & à diverses reprises: le plâtre étant pour lors très-long à prendre, donne le temps de l'étendre avec la truelle sur de grandes surfaces. Enfin, lorsque ce sont des cavités où l'on ne peut introduire le plâtre à la main, on y met beaucoup d'eau, ce qu'on appelle plâtre coulé ou coulis de plâtre; on l'emploie en effet en le coulant comme l'eau dans les cavités, jusqu'à ce qu'elles soient remplies.

Il faut aussi éviter, comme au mortier, de l'employer en hiver & pendant les gelées. L'eau qui a servi à le gâcher, se glace, affoiblit ses sels, & lui ôte toute l'onction & la vertu qu'il avoit de s'endurcir & de lier les murs ensemble; en sorte qu'ils ne sont aucunement solides & ne peuvent être de longue durée.

Du Plâtre, relativement à ses qualités.

On appelle plâtre cru, la pierre qui sert à faire le plâtre, lorsqu'elle n'a pas encore été cuite. On l'emploie quelquefois comme moëllons; mais alors c'est un moëllon de mauvaise qualité.

Plâtre cuit, celui qui sort du four & est encore en pierre.

Plâtre battu, celui qui a été écrasé sous la batte, pilé & réduit en poudre.

Plâtre blanc, celui qui a été rablé & dont on a extrait tout le charbon qui pouvoit le noircir; précaution nécessaire pour les ouvrages qui exigent de la propreté.

Plâtre gris, celui qui n'a pas été rablé, étant destiné aux ouvrages de maçonnerie de peu de conséquence.

Plâtre gras, celui qui, étant cuit, est doux, onctueux, & facile à employer.

Plâtre vert, celui qui, n'ayant pas été assez cuit, se dissout en l'employant, se gerse, tombe & fait une mauvaise construction.

Plâtre humide, celui qui, ayant été exposé à la pluie ou à l'humidité, a perdu la plus grande partie de ses sels.

Plâtre éventé, celui qui, ayant été trop long-temps exposé à l'air après avoir été pulvérisé, a de la peine à prendre & à s'endurcir.

Du Plâtre, relativement à ses façons.

On appelle gros plâtre, celui qui a été concassé grossièrement & que l'on destine pour les gros murs de moëllons ou les hourdages, de cloisons.

Plâtre au panier, celui qui, après avoir été passé à travers un panier à claire-voie, est à demi-fin.

Plâtre aux sas, celui qui a été passé à travers un tamis clair & fin.

Du Plâtre, relativement à son emploi.

On appelle plâtre gâché serré, celui qui est le moins abreuvé d'eau pour les parties qui ont besoin de solidité.

Plâtre gâché clair, celui qui est un peu plus abreuvé d'eau pour les corniches, cimaises, &c.

Plâtre gâché liquide, celui qui est abreuvé de beaucoup d'eau pour les enduits & crépis.

Plâtre coulé ou coulis de plâtre, celui de tous qui est le plus abreuvé d'eau pour couler dans les cavités où l'on ne peut en introduire d'autre.

Du Blanc en bourre.

Dans les pays où le plâtre est rare, on fait les enduits avec une espèce de mortier composé de lait de chaux & de sable fin le plus blanc possible, mêlé de bourre ou poil de bœuf, qui lui donne liaison, ce qu'on appelle communément *blanc en bourre.* Ce mortier, appliqué, comme le plâtre, sur les murs, corniches & saillies d'architecture, n'est pas si dur, mais, bien mis en œuvre, ne laisse pas que d'avoir une certaine solidité, & est bien moins sujet à se fendre & se gerser.

Des Excavations des terres, & de leur transport.

Par le mot d'excavation, l'on entend non seulement les fouilles des terres pour la fondation des murs, mais encore celles qui sont nécessaires pour applanir les emplacemens destinés aux terrasses, jardins, cours, avant-cours, basse-cours, &c.: car il est rare de trouver, pour bâtir, des terreins qu'il ne faille remuer relativement aux objets qu'on se propose.

L'excavation des terres & leur transport étant des objets importans dans la construction des édifices, on peut dire que rien n'exige plus d'attention. Sans une grande expérience à ce sujet, on multiplie les frais sans s'en appercevoir. D'un côté, pour n'avoir pas assez amassé de terres, on est obligé d'en rapporter par de longs circuits; de l'autre, pour en avoir trop apporté, quelquefois près de l'endroit d'où on les avoit tirées, on est obligé de les transporter de nouveau; de sorte que ces terres, remuées plusieurs fois, augmentent la dépense.

La qualité du terrein, l'éloignement des transports, la vigilance des chefs & des ouvriers, le prix des journées, les outils nécessaires & leur entretien, les relais, le soin d'appliquer la force & la diligence, la saison même, sont autant de considérations qui exigent une intelligence consommée, pour prévenir les inconvéniens qui peuvent se rencontrer.

La manière la plus économique est, 1°. que les payemens soient à la toise cube, tant pour éviter les détails, que pour l'accélération des ouvrages: 2°. que les transports soient le moins éloignés possible: 3°. d'employer les moyens les plus convenables, suivant la situation des lieux. Ces moyens sont de trois sortes, par voitures, par somme ou par hotte, brouette & banneau. Ces derniers sont dispendieux. Lorsque le terrein est élevé, les voitures ne peuvent aborder que par des chemins pratiqués en zigzag, pour en adoucir les pentes, qui est cependant la meilleure manière & la plus en usage.

Il y a deux manieres de dresser les terreins; l'une de niveau, & l'autre suivant leur pente naturelle. La première, qui fait partie des Sciences Mathématiques, se fait par le secours du nivellement, le seul moyen par lequel on puisse connoître sûrement les surfaces qu'il faut applanir. La deuxième consiste seulement à raser les buttes, & à remplir les cavités avec la terre qui en provient. Lorsque les excavations sont étendues, on a soin de laisser des témoins jusqu'à la fin des travaux, pour constater la hauteur des déblais ou remblais: celles pour la fondation des bâtimens se font de deux manieres; l'une dans toute l'étendue du terrein, lorsqu'on a dessein d'y construire des caves; & l'autre, seulement par tranchées.

Des Droits.

Les nivellemens & plantations des bâtimens quelconques doivent être précédes, avant tout, de l'acquit des droits établis, sans quoi l'on s'expose à des frais & amendes taxées par les Ordonnances. Le premier est le droit d'alignement: le deuxième est celui de placer des barrieres; & le troisième est celui des saillies.

On ne peut planter ni édifier sur le devant des rues & places publiques des villes ou villages, sans la permission du Roi & de son Voyer. En payant pour la ville vingt-une livres six deniers, on reçoit la permission de bâtir, & un alignement relatif à la direction des rues ou aux vues publiques projetées.

La permission & l'alignement reçus, l'on paye neuf livres pour le droit de placer des barrières pour clore l'emplacement destiné à bâtir, afin d'éviter les accidens qui pourroient arriver pendant la nuit, & le préserver des gens mal intentionnés. Ces barrières se placent ordinairement à six pieds du mur de face, & sont composées de châssis en charpente de neuf à dix pieds de hauteur, recouverts de planches séparées, de portes charretieres pour la facilité du service.

Les saillies se payent quatre livres pour chaque espèce de petites saillies, & plus pour chaque espece de grandes.

Des Nivellemens.

Le nivellement est une opération qui consiste à renvoyer des niveaux autour de l'édifice sur des parties immuables, & à les indiquer par des lignes ou repairs, qui, tous de même niveau, puissent servir à déterminer les pentes pour l'écoulement des eaux, relativement à celles déjà obſervées dans les environs ; les profondeurs de caves, les hauteurs de ſols & de planchers comparées entre elles, & généralement toutes les hauteurs des parties de bâtiment.

Les nivellemens ſe font avec des niveaux de différentes ſortes : le plus ſimple eſt le niveau à boutelles, *fig.* 6 ; c'eſt une eſpèce de canon A, le plus ſouvent de fer-blanc, d'environ un pouces de diamètre ſur quatre pieds de long, recourbé par chaque bout avec une phiole ou portion de tube de verre BB, de trois ou quatre pouces de longueur, maſtiquée avec le fer-blanc.

Pour en faire uſage, on le monte ſur un pied à trois branches C, poſées ſolidement ſur terre en D, *fig.* 7. & le plus de niveau poſſible. On verſe dans l'une des phioles B, de l'eau communiquant à l'autre phiole B, juſqu'à peu près au milieu de chacune d'elles. On aligne enſuite les deux phioles, ainſi que la ſurface des deux eaux, vers l'objet que l'on veut fixer en E & F, où l'on fait placer un homme avec un jalon de mire G, pour l'exhauſſer ou le baiſſer, juſqu'à ce que la ligne H, fixée ſur la mire, ſoit où l'inſtrument l'indique : ceci fait, on renvoie ſur les murs II la ligne G de la mire. On en fait autant en pluſieurs places, où l'on prévoit qu'il en ſera beſoin, tournant l'inſtrument ſur ſon pivot ſans en déranger le pied. Tous ces points, fixés ainſi, doivent ſe trouver de même hauteur & niveau. Lorſqu'il y a des murs K qui interrompent l'opération & empêchent de prolonger les nivellemens, on place l'inſtrument de l'autre côté en L, & on l'ajuſte ſur l'un des points déjà fixé en F, qui peut être vu de la nouvelle poſition. On continue l'opération comme auparavant, tournant l'inſtrument ſur ſon pivot, en fixant de même des points MM avec les jalons de mire. La différence des deux niveaux EE & MM ſe trouvant indiquée en F, ſe renvoie à chacun des nouveaux points MM, pour y établir un ſeul niveau général.

Le niveau à bulle eſt ou à pinnule, ou à lunette. Cet inſtrument, plus correct & plus commode que le précédent, ſe monte ſur le même pied. Il eſt compoſé d'un tube fermé, rempli d'eſprit-de-vin, dans lequel on a réſervé une bulle d'air qui ſert à faire connoître le niveau. Ce tube eſt fixé ſur l'inſtrument, de manière que les lunettes ou pinnules ſont dans un niveau parfait avec lui, & ſervent à les renvoyer de la même manière qu'avec le précédent inſtrument, tournant auſſi à pivot ſur ſon pied ſans être dérangé pour chaque opération. On peut en voir une deſcription plus étendue dans l'Art des Inſtrumens de Mathématiques de Bion.

De la Plantation des Bâtimens.

L'art de planter eſt une eſpèce de planimétrie dirigée par les Mathématiques, qui exige de l'expérience & des ſoins dans l'exécution, ſi l'on veut éviter les doubles emplois qui conſtituent en dépenſes inutiles.

L'emplacement, donné ici pour exemple, *Pl.* XI, *fig.* 1, qui eſt celui deſtiné à exécuter l'édifice repréſenté par les figures des planches XII, XIII & XIV, étant diſtribué par-tout en caves, à l'exception d'une principale cour, il faut une excavation preſque générale, un peu plus grande pour l'aiſance de la bâtiſſe, d'environ onze pieds de profondeur, qui eſt celle qu'elles doivent avoir, en y joignant l'épaiſſeur des voûtes recouvertes de terre & de pavés ou carreaux.

Avant que de tracer ſur le terrein, il faut un plan, ſur lequel ſoient marquées, tant en largeur qu'en profondeur, toutes les dimenſions générales & particulières, ce qu'on entend par plan coté, tel que repréſente la *fig.* 3, *Pl.* XIV, afin d'éviter d'avoir toujours le compas à la main, & de faire des erreurs. Ce plan en petit repréſente le même en grand dans toutes ſes proportions, & ſert à diriger dans la conſtruction. On l'accompagne vers le bas, d'une meſure appelée *échelle*, diſtribuée de toiſes, pieds & pouces, auſſi en égales proportions, ſur laquelle on rapporte les dimenſions, pour en connoître la juſte valeur. Ces plans ſe renouvellent à chaque étage, lorſque les dimenſions changent. On fait auſſi des coupes, *Pl.* XIII, *fig.* 1, pour diriger les hauteurs ; des élévations, *fig.* 1, *Pl.* XII, pour diriger les détails de décoration extérieure, & d'autres deſſeins, ſuivant les beſoins.

Pour tracer l'excavation de l'édifice, *fig.* 3, *Pl.* XIV, il faut, avant tout, prendre pour baſe l'alignement donné par le Voyer, fixé ici ſur deux petits maſſifs en maçonnerie 1 & 2, appelés repairs, ſur laquelle on établit une ligne 3-4 devant ſervir d'axe principal. Cette ligne eſt oblique ſur la baſe, lorſque le terrein eſt irrégulier. Ici elle eſt perpendiculaire ſur la baſe, & marquée ſur deux pareils repairs ſolides, qu'on laiſſe, comme les précédens, juſqu'à ce que les murs ſoient aſſez élevés pour n'en avoir plus beſoin. On place de ces ſortes de repairs par-tout où il en faut, lorſque l'édifice eſt d'une aſſez grande importance, & qu'il doit durer un certain temps à conſtruire, étant moins ſujets que les autres à être dérangés ou perdus. Sur la baſe principale & parallèlement à l'axe 1-2, on marquera les lignes doubles 5-6 & 7-8 pour l'épaiſſeur des deux murs mitoyens A & B, en obſervant ſix pouces d'épaiſſeur de plus par chaque côté intérieurement de celui de la cave de devant, pour porter la retombée de la voûte ; épaiſſeur qui doit être priſe en totalité ſur le terrein de celui à qui appartient la cave, & non ſur celui du voiſin ; & enſuite les lignes doubles 9-10 & 11-12 pour l'épaiſſeur des murs C & D, qui doivent porter les cloiſons des grands eſcaliers ; celles 13-14 & 15-16 pour les murs E & F, & G & H ; celles 17-18 & 19-20 pour les murs I & K ; celles 21-22 & 23-24 pour les murs L & M, toutes parallèles entre elles.

Parallèlement à la baſe principale, on marquera la ligne double 25-26 pour le mur mitoyen du fond NN, obſervant une épaiſſeur pour l'avant-corps du milieu, & deux autres de ſix pouces aux extrémités, pour porter la retombée des petites voûtes ; enſuite les lignes doubles 27-28 & 29-30 pour les murs O & P ; celles 31-32 & 33-34 pour les murs Q & R; celles 35-36 & 37-38 pour les murs S & T; celles 39-40 & 41-42 pour les murs U & V; celle 43-44 pour le mur X; celle 45-46 pour les murs Y & Z: les lignes 47-48 & 49-50, pour les pans coupés & & &, se posent après l'excavation faite, ne pouvant se marquer sur un terrein qui doit être excavé, ainsi que celles pour les murs d'échiffre des escaliers aa, parallèles à ceux de la cage.

L'excavation ainsi tracée, *fig.* 1, *Pl.* XI, on fouille en pente douce, à peu près d'un pied ou deux par toise, de manière à faire descendre les voitures jusqu'au fond de l'excavation; d'abord au milieu de A en B, ensuite en deux parties de droite & de gauche de C en D & de C en E; puis, en retournant d'équerre, de D en F & de F en G, tel que le représentent les figures. La figure 2 coupe sur la ligne AB, la figure 3 coupe sur la ligne DE, & la figure 4 coupe sur la ligne AH. L'excavation ainsi préparée jusqu'à l'extrémité de l'emplacement, on fouille la tranchée H pour le mur de clôture de la cour principale. D'abord on prépare le sol des caves en I, *fig.* 5, formant une banquette K, sur laquelle on jette les terres qui proviennent du fond, on creuse la tranchée jusqu'au bon terrein L, *fig.* 6, le sol des caves I servant alors de première banquette, & celle K de deuxième. On continue de suite, *fig.* 7, faisant de nouvelles tranchées M où il en est besoin, en suivant la même méthode; & lorsqu'en approchant du devant A, *fig.*8, le terrein B devient trop élevé pour pouvoir y jeter les terres, on fait des banquettes intermédiaires OO, *fig.* 9, on fouille les tranchées QQ jusqu'au bon terrein pour les murs mitoyens latéraux, le sol des caves I servant de première banquette, celles OO de deuxième, & celles C de troisieme. On continue la fouille jusqu'au sol des caves I, *fig.* 10. On baisse enfin la dernière banquette C, & lorsqu'elle devient trop basse pour pouvoir y jeter les terres, on construit, *fig.* 11, un petit échafaud de boulins S & de planches T, pour servir de banquette intermédiaire, sur laquelle on jette les dernières terres, & de cette manière on parvient à faire approcher les voitures tout près des fouilles, & on évite les longs circuits, qui deviennent très-dispendieux.

Il est quelquefois indispensable d'étayer les terres, pour les empêcher de s'ébouler, sur-tout lorsqu'elles sont mouvantes & sablonneuses, en appliquant dessus des madriers de part & d'autre, étrésillonnés par des boulins ou pieces de charpente mises en travers & forcées entre eux.

L'excavation faite, on pose les fondemens, *fig.* 3, *Pl.* XIV, comme il est représenté par les *fig.* 1 & 2, *Pl.* XV. On remplit les tranchées d'abord avec les plus gros moëllons, ou mieux encore, avec une première assise de libage bien gissante AA, & l'on éleve la maçonnerie BB entre deux cordeaux CC avec mortiers. Les fosses d'aisance b, *fig.* 1, 2 & 3, *Pl.* XIV, voûtées au niveau des caves ee avec cheminées (1) c pour la descente des matières, & ouvertures d pour les vidanges. A quelques pouces au dessous du sol des caves ee, on pose les premières assises en pierres, des chaînes où il en est besoin pour porter le poids des poutres & planchers, des arcs ff représentés par les figures 3 & 4, pour lier les voûtes, qui, à cause de leur trop grande longueur, n'auroient pas assez de solidité; les piédroits gg, dosserets hh & soupiraux ii, qui, n'ayant pas assez de force en moëllons pour se défendre des chocs auxquels ils sont exposés, se détruiroient peu à peu. On élève ensuite les murs entre deux cordeaux, posant à mesure les assises de pierre ff & hh, & remplissant les intervalles CD, EF, GH, &c. en maçonnerie, le tout bien à plomb & de niveau dans toute la surface du bâtiment. On pose les plates-bandes kk des portes, & l'on arrase jusqu'à la retombée ll des voûtes. Ainsi fait, on pose les ceintres AA, *fig.* 5 & 6, on les garnit de moëllons en plâtre BB, pour leur donner la forme circulaire, & l'on bande les arcs CC. Autrefois on plaçoit des madriers DD étroits & forts entre les arcs CC & les ceintres AA, allant de l'une à l'autre sous toute la largeur développée des voûtes, pour les construire; ce qui en exigeoit une très-grande quantité. On a depuis quelque temps aboli cet usage, en les liant avec le plâtre, qui prend à l'instant; & l'on fait la même chose, *fig.* 7 & 8, avec deux ou trois de ces madriers DD, en les posant sous les arcs CC, après en avoir ôté les ceintres, les forçant d'étrésillons EE à chaque rang de voussoirs, & à mesure que l'on construit les voûtes. On choisit pour voussoirs, des moëllons plats, forts & minces d'un côté, que l'on pose sur les madriers DD, faisant tendre les coupes au centre de la voûte, calant, fichant & remplissant les joints de plâtre & pierrailles.

On fait aussi de la même manière des voûtes légeres en briques posées debout (2) ou de champ (3), qui ne sont solides qu'autant qu'elles sont surmontées (4), ou au moins en plein ceintre; mais on ne peut se dispenser de les maçonner en plâtre, qui a l'inconvénient de pousser les murs au dehors. Le mortier n'a pas cet inconvénient; mais il en a un plus grand, d'être fort long à sécher, & d'être trop peu solide dans les murs & voûtes minces. Quelques-uns, pour enchérir sur l'économie ou montrer du nouveau, ont imaginé de faire des voûtes avec des briques posées de plat, & de les doubler; mais cette nouveauté, quoiqu'en usage en Provence, n'a pas eu un grand succès, & a été peu applaudie par les Artistes. Voyez à ce sujet le Traité de M. le Comte d'Espi.

Avant que de fermer entièrement les voûtes, il

(1) Les cheminées d'aisance sont les ouvertures pour la descente des matières.

(2) Une brique est posée debout, lorsque sa plus grande dimension est verticale.

(3) Une brique est posée de champ, lorsque sa moyenne dimension est verticale.

(4) Une voûte est surmontée, lorsque son rayon vertical est plus long que son rayon horizontal.

faut

faut faire attention d'élever les murs au delà des naissances II (*fig.* 1 & 2, *Pl.* XIV), & jusqu'à cinq à six pouces au dessous du niveau des rez de chaussée m m, pour en conserver les aplombs, continuant en pierres les chaînes & soupiraux seulement.

Les voûtes une fois fermées, on les couvre de décombres & de sable n, pour boire les eaux du ciel, jusqu'à ce que le bâtiment soit couvert: les pluies qui tombent continuellement sur les voûtes, s'y insinuent, les tiennent toujours humides, & les empêchent de sécher & faire corps; ce qui fait que quelques-uns ne voûtent que lorsque le bâtiment est entièrement couvert. Autre inconvénient: ces caves non voûtées empêchent le service, & les pluies tombant au fond, pourrissent les fondemens; de sorte que le meilleur parti est de les charger & en endurcir la surface de manière à former un écoulement aux eaux, & d'élever promptement, pour couvrir le plus tôt possible, ou de paver provisionnellement, si le bâtiment doit rester long-temps à découvert. Comme les bâtimens se font toujours en été, où les mauvais temps sont rares, on s'arrange, autant qu'il est possible, pour être en état de les couvrir avant l'hiver.

Les escaliers de cave (*fig.* 9) se montent quelquefois après coup, mais mieux avec leurs murs de cage & d'échiffre. Toutes les marches A A étant en pierre, se scellent & se garnissent plus facilement, & les murs faits en même temps sont plus solides. Pour les construire, on divise sur une règle B la quantité des marches & leur espace en hauteur; & sur une autre C, la même quantité & leur espace en largeur, & à chaque marche (*fig.* 10) que l'on pose, on présente les deux règles; la première B, pour en fixer la hauteur, & la deuxième C, pour en fixer la largeur. Ces marches se posent l'une sur l'autre, & sont appuyées, par leurs extrémités, d'un côté sur le mur de cage D, & de l'autre sur celui d'échiffre: mais mieux encore & plus solidement sur une petite voûte en maçonnerie EE, pratiquée dessous, formant un caveau F; la dernière faisant marche paliere (*fig.* 11), les unes & les autres délardées par-dessous G.

Les soupiraux (*fig.* 12), coupe (*fig.* 13), plan (*fig.* 14), élévation intérieure, & (*fig.* 15) élévation extérieure, se font toujours en pierre à plusieurs assises A A, avec ouverture B par le haut, pour procurer de l'air aux caves, fermées souvent d'une grille ou barre de fer pour la sûreté.

Les puits circulaires (*fig.* 16, 17, 18 & 19) ou ovales, que l'on construit en même temps que les murs, se placent au dehors ou au dedans des bâtimens, isolés ou pris dans l'épaisseur des murs de face, de refend ou mitoyens. On les fonde à cinq ou six pieds au-dessous de la nappe d'eau, après en avoir épuisé l'eau, en posant un rouet de charpente AA, surmonté de maçonnerie BB en moëllon jusqu'au rez de chaussée, où l'on élève une margelle CC en pierre dure. On les élève quelquefois seulement jusqu'au sol des caves, & alors on y pose des pompes pour en élever l'eau avec un balancier placé dans le lieu le plus commode des cours ou basses-cours.

Les murs élevés au rez de chaussée, on vérifie les alignemens d'après les repairs plantés autour de l'édifice, & on les élève au delà, construisant en pierre les faces extérieures (*fig.* 1, *Pl.* XII,), quelquefois celles intérieures (*fig.* 1, *Pl.* XIII); mais au moins les assises de la retraite *oo*, une partie des tableaux de portes *pp* ou croisées qq, les piédroits rr & trumeaux ss qui seroient trop foibles en maçonnerie; & l'on continue ainsi jusqu'au premier plancher, observant les vides de portes ſ, de croisées u, de boutiques v, de remises x, &c. représentés dans la planche XV par les figures 20 & 21, 22 & 23, 24 & 25, dont on bande les arcs ou plates-bandes A A, aussi en pierre, sur les piédroits BB avec les ceintres CC, en place, desquels, par économie, l'on applique des potreaux (1) & linteaux (2). On pose des gargouilles, bornes y (*Pl.* XII, XIII & XIV), bancs de pierre où il en faut, avec massif de maçonnerie dessous, des seuils aux portes, des appuis Z, des balcons en balustrades *b*, ou en entrelas aux croisées; enfin des parpins *c* sous les cloisons de refend *d*, représentés dans la planche XV par les figures 26, 27 & 28, fig. 29, 30, 31, 32 & 33, fig. 34 & 35, & enfin fig. 36. Arrivé à la hauteur des entresols, on pose le premier plancher, on en lie les pièces dans les murs avec des liens & étriers de fer, les murs de faces avec des chaînes, tirans & ancres à la hauteur de chaque plancher, & l'on continue ainsi jusqu'aux combles, scellant les planchers à mesure que les Charpentiers les posent & élèvent les cloisons. Si le bâtiment ne peut être couvert avant l'hiver, il faut prévenir les gelées, & couvrir les murs à force de paille ou paillassons, & mieux encore avec un lit de paille & des décombres par-dessus jusqu'après l'hiver, ainsi que toutes les pierres qui sont sur l'atelier, afin qu'encore empreintes des humidités de carrières, elles ne soient point exposées à la gelée. Si la belle saison n'est pas trop avancée, on fait les légers ouvrages.

Des légers Ouvrages.

Tous les ouvrages en plâtre, qui ne sont point gros murs ou massifs, sont réputés *légers ouvrages*, & se payent ordinairement 10 liv. & 10 liv. 10 sols la toise superficielle. Les uns, hourdés, s'appliquent aux cloisons, planchers, escaliers & poteries. Les autres, enduits, s'appliquent aux plafonds, corniches, saillies, & aux surfaces de murs, portes & croisées.

Les cloisons se font en charpente ou en menuiserie. Les premières en I (*Pl.* XII & XIII), de six,

(1) Les potreaux sont de petites poutres élevées au dessus des grands vides, qui portent des murs trumeaux ou autres charges.

(2) Les linteaux sont de petites solives élevées au dessus des portes & croisées, pour rapporter la maçonnerie supérieure.

ſept ou huit pouces d'épaiſſeur, ſont de deux ſortes. Les unes à bois recouverts, repréſentées par la figure 1 & 2 (*Pl.* XVI), hourdées, pleines & enduites, ou bien creuſes & enduites, ſont formées de poteaux A A, décharges B B & tourniſſes C C, eſpacées des quatre à la latte; c'eſt-à-dire, de façon qu'une latte, fixée à environ quatre pieds de longueur, puiſſe embraſſer quatre poteaux aſſemblés dans la ſablière du haut D D qui porte les ſolives E E du plancher, & dans la ſablière du bas F F poſée ſur un parpin de pierre dure G G, de deux pouces d'épaiſſeur plus que la cloiſon élevée ſur la maçonnerie des murs H H. Les deux ſablières arrêtées avec les autres parties de charpente, de liens, étriers, tirans & ancres de fer contournés ſuivant les places, on attache ſur les poteaux & tourniſſes des lattes I I en liaiſon de chaque côté, éloignées entre elles de cinq à ſix pouces, qu'on appelle à *claire-voie*, & l'on garnit l'intervalle en pierrailles, plâtras (1) & gros plâtre gaché, ce qu'on appelle *hourdage*; & ſur les lattes, on applique une première couche de plâtre gaché paſſé au panier, ce qu'on appelle *crépis*; & enſuite une deuxième couche paſſée au ſas ou tamis, ce qu'on appelle *enduit.* Cette dernière eſt gachée très-claire, & s'applique avec un balai de bouleau plongé à diverſes repriſes dans le plâtre liquide, & ſur lequel on paſſe la truelle, pour l'unir à meſure qu'il devient dur; & lorſqu'il commence à l'être, on paſſe le riſlard çà & là en tout ſens; d'abord par le côté bretelé, & enſuite par l'autre, pour en dreſſer la ſurface. Lorſqu'on fait les cloiſons creuſes, on attache les lattes I I tout près les unes des autres, ce qu'on appelle *à lattes jointives*, laiſſant vide l'intervalle des bois, & l'on applique deſſus les crépis & enduits en plâtre comme à la précédente. Les premières ont l'avantage d'aſſourdir les pièces & empêcher la voix d'en traverſer l'épaiſſeur, ce que n'ont point les autres, à travers leſquelles les maîtres ſont entendus des domeſtiques.

La deuxième ſorte de cloiſon à bois apparens (*fig.* 3 & 4), eſt auſſi compoſée de poteaux A A aſſemblés dans la ſablière du haut B & dans celle du bas C, ayant chacun & de chaque côté des rainures D D, entre leſquelles on fixe des petits ais E E hachés & garnis de clous ainſi que les poteaux, & l'on remplit l'intervalle de plâtras & plâtre, qui s'accrochent dans les hachures & clous. Lorſque le garni a pris une certaine conſiſtance, on le couvre de deux couches de plâtre ſemblables aux précédentes, juſqu'à la ſurface des bois, qu'on laiſſe apparens.

Les cloiſons en menuiſerie I I, de trois à quatre pouces d'épaiſſeur (*fig.* 5 & 6), ſont, comme les précédentes, pleines ou creuſes; mais au lieu de poteaux, on les fait en planches de bois de bateau A A ou de moindre valeur, fixées haut & bas dans des couliſſes à rainures B B, attachées ſur les plafonds & planchers. On les couvre, comme les autres, de lattes C C à claire-voie ou jointives, & enſuite de crépis & enduits en plâtre.

Les planchers I I I ſont en général de trois ſortes. La première, ſuivant l'ancienne méthode, eſt compoſée de poutres B B, ſur leſquelles ſont poſées des ſolives ſimples C, ſolives d'enchevêtrure D D, & chevêtres E E portés ſur les murs A A lattés par-deſſus H H, à lattes jointives & recouvertes d'un air de plâtre I I, pour être par la ſuite carrelé ou parqueté, & le deſſous des entrevoux K K, plafonné, c'eſt-à-dire, recouvert d'un enduit de plâtre. A ces planchers l'on réſerve des intervalles vides G G, que l'on remplit de plâtras & plâtre ſoutenus de chevêtres de fer, ſur une partie deſquels on pratique des foyers au beſoin; la ſûreté publique & les loix exigeant qu'ils ſoient éloignés des bois & autres matières combuſtibles. Lorſque les planchers n'ont point de foyers ou qu'ils ne ſont pas placés où on les déſire, on eſt obligé pour lors de les poſer ſur les poutres & ſolives; ce qu'on ne peut faire ſûrement & ſuivant la loi, qu'en les élevant au deſſus du carreau avec un rang de briques d'épaiſſeur. Il arrive auſſi quelquefois qu'on hourde ces planchers comme les cloiſons & de la même manière, pour en intercepter le bruit, ſur-tout lorſqu'on a deſſein de les plafonner.

La deuxième eſpèce, ſuivant la nouvelle méthode, eſt compoſée ſeulement de ſolives C C plus fortes, méplates & poſées de champ. On y joint, comme aux autres, des ſolives d'enchevêtrure D D & chevêtres E E, pour former des foyers & des lincoirs F F, pour éviter que quelques ſolives ne portent ſur les vides ou parties foibles. Ces derniers, qui n'ont point de poutres, ſont bien plus agréables à la vue; & les plafonds, qui ne ſont point interrompus, ſont plus ſuſceptibles de peintures & de ſculptures.

Lorſque les pièces ſont très-vaſtes (*fig.* 11 & 12), ou que l'on veut économiſer les petits bois, on eſt obligé d'employer les poutres B B : alors on les noye dans l'épaiſſeur des planchers, en les faiſant doubles; la partie ſupérieure C C avec des bois forts pour porter le carreau ou parquet, & la partie inférieure *c c* avec des bois foibles pour porter le plafond L. On les compoſe, comme les autres, de ſolives C C, ſolives d'enchevêtrures D D, chevêtres E E, & lincoirs où il en faut, toutes pièces au niveau des poutres B B, & portées ſur les lambourdes M M, fixées ſolidement ſur les poutres B B & les murs A A. Le plancher inférieur eſt compoſé des mêmes pièces aſſemblées à tenons & mortoiſes dans les poutres, & à fleur par-deſſous, ſur leſquelles on applique le latis N & le plafond O, pour en égaliſer l'épaiſſeur. On diſtribue les dimenſions en conſéquence, les ſolives ſupérieures à neuf pouces, les lambourdes à quatre pouces, & les ſolives inférieures à cinq pouces, faiſant enſemble dix-huit pouces, hauteur des poutres : ou autrement, les ſolives ſupérieures à dix pouces, les lambourdes à cinq pouces, & les ſolives inférieures à ſix pouces, faiſant vingt-un pouces, hauteur des poutres.

Les eſcaliers IV ſont compoſés de rampes & de

(1) Les plâtras ſont des morceaux de plâtre employé, provenant des démolitions.

paliers hourdés, lattés & enduits par-dessous comme les cloisons & planchers.

Les poteries pour les chausses d'aisance V, représentées par la fig. 13, sont composées de plusieurs pots A A fournis par les Potiers de terre, emboîtés les uns dans les autres, garnis de plâtras & plâtre BB, & enduits par-dessus, quelques-uns C doubles pour les siéges à mi-hauteur, & des vantouses D pour l'évaporation continuelle du mauvais air.

Les enduits de portes VI & croisées VII, représentés par les figures 14 & 15, se font avec plâtre passé au sas. On fait les feuilleures A avec la règle B, les arêtes CC avec les règles DD, & les intervalles CC remplis de pareil plâtre mis avec la truelle & passé au rifard.

Les cheminées sont prises dans l'épaisseur des murs, ou adossées. Les unes occupent moins de place, & leurs tuyaux n'interrompent point la continuité des murs dans les pièces; aussi ces murs, affamés par les vides qu'ils laissent, & conséquemment moins solides, exigent des parties de chaînes en pierre, pour leur conserver une liaison, & de quoi supporter le poids des planchers. Les autres IX, plus désagréables à la vue, laissent aux murs toute leur solidité; ce qui est indispensable pour les murs mitoyens, qui, suivant la loi, doivent être conservés entiers. Ces cheminées, représentées par les figures 16 & 17, sont composées de manteaux AB, de tuyaux CD, ou souches de plusieurs tuyaux ensemble, de têtes (*fig.* 16), & quelquefois de faux tuyaux E, lorsqu'elles sont dévoyées (1). Les manteaux sont faits de deux petits murs A A, de cinq à six pouces d'épaisseur, construits en plâtras & plâtre ou en briques liaisonnées, & couverts d'une tablette B de même construction, soutenue intérieurement d'une barre de fer pliée d'équerre, qu'on appelle aussi *manteau*. Les tuyaux sont faits de deux petits murs latéraux CC, & d'un autre de face D, appelés *languettes*, de trois pouces d'épaisseur en plâtre pigeonné (2), liées intérieurement de fantons de fer (3), & mieux en briques liaisonnées, pour prévenir les accidens du feu. Pour donner de la solidité à ces tuyaux & économiser les languettes, on les adosse & on les groupe, ce qui forme ce qu'on entend par souche. On les surmonte de têtes (*fig.* 16), terminées de plinthe F, mîtres G, & quelquefois de tuiles H posées de bout triangulairement, pour faciliter l'évaporation de la fumée. Les faux tuyaux E, posés sur les manteaux faits seulement pour la représentation & pour supporter le parquet des glaces, sont aussi faits à languettes de plâtre pigeonné, ou en briques liaisonnées, dont l'intervalle fermé est inutile.

Les corniches X servant, à l'extérieur, de couronnement à l'édifice, & dans l'intérieur, de bordures aux plafonds représentés par la figure 18, ainsi que les chambranles XI, moulures & saillies, se font le long de deux règles A & B, fixées, l'une sur le mur & l'autre sur le plafond, avec un calibre (*fig.* 19) découpé des moulures C C, dont la corniche doit être composée, montée & arrêtée sur son châssis ou sabot D. Pour les fabriquer, on applique le plâtre liquide sur les saillies, & l'on traîne dessus & à diverses reprises le calibre, l'appuyant ferme sur les règles, & remettant de nouveau plâtre à mesure, jusqu'à ce que la corniche soit entièrement pleine, réservant pour faire à la main & au ciseau, les parties angulaires & courbes qui ne peuvent se traîner au calibre.

Les refends XII, représentés par les fig. 20 & 21, se font avec des règles BB de la forme du creu A des refends, dont on remplit l'intérieur de plâtre au sas jusqu'à fleur. Il faut observer de donner à ces règles, de la dépouille, c'est-à-dire, de les faire plus étroites par-dessous, afin qu'elles puissent aisément se détacher & en quelque sorte se dépouiller du plâtre; & les refends faits à plomb les uns des autres, on en remplit les intervalles d'enduits.

Les archivoltes, corniches & chambranles, ceintrés pour le couronnement des niches XIII ou autres ornemens, se font autour d'un centre A avec un rayon B de bois fixé au centre, sur lequel on applique un calibre C que l'on traîne à diverses reprises & en tournant le long des regles courbes DE, appliquant le plâtre liquide comme aux corniches droites, jusqu'à ce qu'elles soient parfaites.

Des Ouvriers & de leur espèce.

Le premier & le Chef des Ouvriers est l'Architecte: son emploi est de faire les plans & les élévations des bâtimens, d'en diriger tous les détails, de dresser les devis & marchés, & de régler les prix, lorsque les ouvrages sont terminés. Dans les grands édifices, il est ordinairement aidé de Contrôleurs, Inspecteurs, Sous-Inspecteurs, & autres Architectes inférieurs.

Après l'Architecte, le premier Ouvrier est le Maître Maçon. Son emploi est de conduire la maçonnerie du bâtiment, suivant les plans & élévations qui lui sont donnés par l'Architecte ou ses préposés, de fournir tous les matériaux, de les employer, & d'en diriger l'économie, ce qu'on appelle *entreprise*.

Le deuxième Ouvrier est le Maître Compagnon, homme de confiance & instruit dans l'Art, qui agit pour les intérêts du Maître Maçon & en son absence. Son emploi est de donner tous ses soins à la main d'œuvre, à faire l'appel des ouvriers le matin & le soir, & le rôle pendant la journée; à donner récépissés des matériaux à mesure qu'ils arrivent, à emmagasiner & prendre soin des équipages & ustensiles; en un mot, à l'économie générale du bâtiment.

Le troisième Ouvrier est l'Appareilleur. Son emploi

(1) Un tuyau dévoyé est celui dont on a interrompu la direction perpendiculaire.

(2) Le plâtre pigeonné est celui qui est maçonné à la main.

(3) Les fantons sont des tringlettes d'environ un pied de longueur, en fer brut, portant un crochet par chaque bout.

est de construire les épures (1) d'après les détails du Maître Maçon, d'appareiller les pierres, & d'en fixer les dimensions. Le prix de sa journée est d'environ trois livres à Paris. Il est quelquefois aidé par des Compagnons ou Garçons du tas, Appareilleurs inférieurs. Le prix de leur journée est moindre.

Le quatrième Ouvrier est le Tailleur de pierre. Son emploi est de tailler la pierre & de lui donner les formes qu'elle doit avoir, suivant les dimensions que lui a données l'Appareilleur. Le prix de sa journée est depuis trente-cinq jusqu'à quarante-cinq sous.

Le cinquième Ouvrier est le Poseur. Son emploi est de mettre en place les pierres, de les poser de niveau & à plomb, & d'en scier les joints lorsqu'il est nécessaire. Le prix de la journée est d'environ quarante-cinq sous.

Le sixième Ouvrier est le Scieur de pierre dure. Son emploi est de scier les pierres dures à la scie sans dents, à raison de quatre à cinq sous le pied carré, pour les pierres ordinaires, & jusqu'à dix sous pour les pierres de liais.

Le septième Ouvrier est le Scieur de pierre tendre. Son emploi est de scier, avec son aide, les pierres tendres à la scie à dents. Le prix de la journée est d'environ trente-cinq à quarante sous.

Le huitième Ouvrier est le Compagnon Maçon. Son emploi est de construire les ouvrages en plâtre. Le prix de sa journée est d'environ quarante sous.

Le neuvième Ouvrier est le Limousin. Son emploi est de construire les ouvrages en mortier. Le prix de sa journée est d'environ trente-six sous.

Le dixième & dernier Ouvrier est le Manœuvre. Son emploi est de faire les ouvrages bas & rudes, & de servir les autres. Le prix de sa journée est de vingt-cinq à trente sous. Ceux qui servent les Maçons, un seul pour chacun, battent le plâtre, le passent, le gâchent, & le portent aux Maçons pour l'employer. Ceux qui servent les Poseurs, au nombre de deux ou trois pour chacun, les aident à porter, lever & rouler les pierres dans leur place. Ceux qui sont employés aux chariots, sont six pour le traîner, & un ou deux suivant par-derriere, qu'on appelle Bardeurs, chargés chacun d'une pince pour aider à la roue. Ceux qui sont employés à barder les pierres, c'est-à-dire, à les mettre en chantier & à les remuer, appelés Bardeurs, sont par bandes de trois ou quatre chacune, s'entr'aidant mutuellement; un d'eux conduisant la bande. Ceux qui sont employés aux engins, sont plus ou moins, suivant les besoins.

Un douzième Ouvrier, employé par le Maître Maçon, & qui n'est appelé que lorsque le bâtiment est fini, est le Toiseur. Son emploi, & souvent son seul talent, est de savoir toiser toutes les parties du bâtiment suivant les usages & la loi, d'en dresser les mémoires, & d'y mettre des prix relatifs aux marchés & à l'espèce d'ouvrage. Le prix de son travail est ordinairement de dix pour mille du montant des mémoires, & moins dans les grands édifices.

Des Engins & autres Equipages.

La figure 1 (*Pl.* XVII.) représente une sonnette, mouton ou belier propre à battre des pieux & à enfoncer des pilots; la figure 2, un gruau; la figure 4, un chapeau de gruau; la figure 5, une grue; la figure 6, une chèvre à roue; & la figure 7, une chèvre à levier; tous instrumens propres à élever les pierres, moëllons, & autres fardeaux. A femelle, B queue, C poinçon, D contrefiche, E lien, F jumelle, G traverse, H soupente, I rancher, K grande moëse, L petite moëse, M treuil, N roue, O levier, P support, Q poulie, R cordage, S esse, T chableau, U allemand-simple, V allemand-double, deux espèces de nœuds qui serrent d'autant que le poids est grand; X pieu ou pilot, Y sonnette, mouton ou belier, Z chapeau.

La figure 3 représente un ixe, espèce de louve, dont on se sert pour élever les pierres. Les mantonnets AA s'incrustant dans une mortoise faite exprès à la surface des pierres tendres qu'on veut élever plus large au fond qu'à l'entrée, s'y accrochent, & la boucle du cordage de l'engin passée dans les anneaux BB en se serrant, appuie sur la charnière C, fait ouvrir & presser les mantonnets dans l'intérieur de la mortoise: plus le poids est grand, & plus l'instrument est forcé de s'ouvrir & presser. Cette nouvelle manière d'élever les pierres tendres est fort commode. On les enlève & on les conduit à la place qu'elles doivent occuper sans le moindre danger. Autrefois on se servoit des brayers ou cordages doubles arrangés exprès, qui servent encore pour les pierres dures, & qui, malgré les soins que l'on prenoit, gâtoient leurs arêtes. Arrivées au sommet du bâtiment, il falloit les débrayer, les poser sur calles & les mettre en place, ce qui étoit long & difficile, pour ne pas les écorner ou gâter.

La figure 8 représente un levier de bois à l'usage des treuils.

La fig. 9 représente une louve employée au même usage que l'ixe (*fig.* 3.); sinon qu'on la fixe dans les mortoises des pierres tendres avec les coins AA, & on l'enlève par son anneau B avec l'esse des engins.

La figure 10 représente un bouriquet, & la figure 11 un brancard, propres à tirer les moëllons des carrières, ou à les élever sur les bâtimens. A châssis, B barres, C barreaux, D brayer, E esse.

La figure 12 représente un vindas ou cabestan propre à transporter les pierres. A plateau, B support, C lien, D pieu, E treuil, F levier, G cordage, H partie chargée, I partie déchargée.

La figure 13 représente une civière, & la figure 14 un bar, tous deux propres à transporter

(1) Les épures sont les dessins détaillés des voûtes.

des

des petites pierres ou moëllons à bras. A A les barres, B B les barreaux.

La figure 15 repréſente une manivelle propre à barder (1) les pierres avec des leviers. AA le châſſis, B le boulon, CC les lumières.

La figure 16 repréſente une brouette à tranſporter le moëllon. A la roue, BB les bras, C les barreaux.

La figure 17 repréſente une brouette à coffre, propre à tranſporter les terres & mortiers. A la roue, BB les bras, C le coffre.

La figure 18 repréſente le chariot à tranſporter les pierres. A la plate-forme, BB les roues, C la flèche, DD les barres.

La figure 19 eſt un banneau ou petit tombereau à bras pour le tranſport des terres, ſables, &c. A le coffre, BB les roues, C la flèche, D la barre.

La figure 20 repréſente un échafaudage à la face d'un mur. AA perches, BB boulins, CC planches ou madriers faiſant l'échafaud, D le mur, EE les cordeaux ou lignes tendues pour diriger les Ouvriers dans l'élévation des murs.

Les échafauds ſont de deux ſortes; les uns d'aſſemblage, deſtinés aux grands édifices, ſont du reſſort de la charpenterie; les autres, ſimples, ſont conſtruits par les Maçons. On élève perpendiculairement des perches A, dont on enfonce le pied tant ſoit peu en terre, ou que l'on retient avec une maſſe de plâtras & plâtre ſcellée à ces perches : on y en joint d'autres B horizontalement, plus courtes, mais fortes, appelées boulins, avec des cordages entrelacés. L'inégalité de ces perches & la manière de fixer ces cordages les retient par un bout, tandis que l'autre, enfoncé de 7 à 8 pouces dans le mur, y eſt ſcellé ſur ces boulins, l'on poſe des madriers en travers en forme de planches, pour la facilité du ſervice. Ces échafauds ſe multiplient de neuf en neuf pieds ou environ, à meſure que les murs s'élèvent; & leur ſolidité dépend ſeulement de la quantité de cordages qu'on y emploie & qu'on n'épargne point, & de leur diſpoſition; auſſi court-on quelquefois des riſques, lorſqu'ils ſont mal diſpoſés.

La figure 1 (*Pl.* XVIII) repréſente un des rouleaux propres à tranſporter les gros blocs de pierre. On les préſente deſſous, & on les fait tourner avec des leviers, en les forçant par les lumières AA.

La figure 2 repréſente un autre rouleau deſtiné au même uſage, mais pour de plus petits blocs de pierre, que l'on fait mouvoir en les pouſſant deſſus.

La figure 3 repréſente un coin propre à fendre ou déliter les pierres. A le taillant acéré, B la tête.

La figure 4 repréſente un tire-terre de Carrier pour dégager & tirer la terre entre les bancs de pierre dans les carrières. A le taillant acéré, B la douille, C le manche.

La figure 5 repréſente une eſſe, eſpèce de marteau à deux pointes, deſtinée au même uſage que l'inſtrument précédent. AA les pointes acérées, B l'œil, C le manche.

La figure 6 repréſente un levier ou pince propre aux Carriers & aux Maçons, pour lever les blocs de pierre & autres fardeaux. A la pince, B le manche.

La figure 7 repréſente une maſſe propre à caſſer & fendre la pierre. AA les têtes, B l'œil, C le manche.

La figure 8 repréſente un niveau de Maçon & poſeur propre à poſer les pierres de niveau. AA les pieds, B la traverſe, C la tête, D la ligne, E le plomb.

La figure 9 repréſente un compas à l'uſage des Tailleurs de pierre. AA les pointes, B la tête.

La figure 10 repréſente une équerre de fer. AA les branches.

Les figures 11, 12 & 13 repréſentent des beuveaux ou ſauterelles propres à prendre des ouvertures d'angles : le premier, droit; le deuxième, concave; & le troiſième, convexe. A la branche ſimple, B la branche double, C le pivot.

Les cinq dernières figures, à l'uſage des Tailleurs de pierre.

La figure 14 repréſente une règle de Tailleur de pierre.

La figure 15 repréſente une règle d'Appareilleur, diſtribuée en pieds, pouces & lignes.

La figure 16 repréſente un ciſeau de Tailleur de pierre. A le taillant acéré, B la tête.

La figure 17 repréſente un maillet de Tailleur de pierre. AA les têtes, B l'œil, C le manche.

La figure 18 repréſente un grand compas appelé *fauſſe-équerre d'Appareilleur & de Tailleur de pierre*. AA les pointes, BB les branches, C la tête.

La figure 19 repréſente un niveau de Limouſin. A la planchette, B la ligne, C le plomb.

La figure 20 repréſente un têtu propre à fendre & à éclater les pierres. AA les têtes, B l'œil, C le manche.

La figure 21 repréſente un cric propre à lever les pierres & les mettre en chantier. A la crémaillere, B le croiſſant, C la boîte, D l'arbre du pignon, E la manivelle, F l'arêt, GG les crocs.

La figure 22 repréſente un plomb. A la pelote de cordeau, B le plomb, C le chat.

Les figures 23, 24, 25, 26 & 27 repréſentent des marteaux à tailler la pierre avec pointes & taillans acérés : les trois premiers pour la pierre dure, & les autres pour la pierre tendre. AA les pointes à ébaucher la pierre dure, B le taillant bretelé, C le taillant uni, D le taillant à ébaucher la pierre tendre, E l'œil, F le manche.

Les figures 29 & 30 repréſentent des marteaux : la figure 31, une hachette; & la figure 32, un décintoir à l'uſage des Maçons; les pointes, têtes & taillans acérés. A la pointe, B la tête, C le taillant, D l'œil, E le manche.

(1) Barder les pierres, c'eſt les mettre en chantier & les diſpoſer à être travaillées.

La figure 33 repréſente un oiſeau, inſtrument propre à tranſporter le mortier ſur les échafauds. A la planchette, B le bord, CC les ailes.

La figure 34 repréſente une auge de Maçon propre à gâcher le plâtre.

La figure 35 repréſente une truelle de Maçon propre à unir le plâtre ſur les murs. A la palette en cuivre, B la tige, C le manche.

La figure 36 repréſente un riflard de Maçon. AB la platine, A le côté bretelé, B le côté uni, C la tige, D le manche.

La figure 37 repréſente un riflard uni, à l'uſage des Tailleurs de pierre & Maçons. A le taillant uni, B le manche.

La figure 38 repréſente un riflard bretelé, à l'uſage des Tailleurs de pierre & Maçons. A le taillant bretelé, B le manche.

La figure 39 repréſente un panier clair à paſſer le plâtre.

La figure 40 repréſente un ſas ou tamis à paſſer le plâtre.

La figure 41 repréſente une hotte à l'uſage des Manœuvres.

La figure 42 repréſente une pelle à l'uſage des Manœuvres.

La figure 43 repréſente une règle de Maçon propre à faire des enduits, feuillures & vives arêtes.

La figure 44 repréſente un fichoir propre à inſinuer le mortier dans les joints des pierres. A la lame bretelée, B le manche.

La figure 45 repréſente une ſcie à dents pour la pierre tendre. A la lame, BB les manches.

La figure 46 repréſente une ſcie ſans dents pour la pierre dure. A la lame, BCD le châſſis, BB les montans, C la traverſe, D la tringle de bandage.

La figure 47 repréſente une cuiller de Scieur de pierre. A la cuiller, B le manche.

FIN.

DESCRIPTION DES ARTS ET MÉTIERS,

Par MM. de l'Académie Royale des Sciences, avec Figures en taille-douce, *in-folio*, grand papier, broché.

Le prix des Cahiers séparés est diminué de deux cinquiemes, & celui de la Collection entiere est réduit à moitié, & n'est que de 640 liv. pour les 86 Cahiers.

Chez MOUTARD, *Imprimeur-Libraire de la Reine & de l'Académie Royale des Sciences, rue des Mathurins, Hôtel de Cluni.*

N°.		Prix anciens.		Prix nouveaux.	
1	CHARBONNIER, par M. Duhamel du Monceau	2 l.	12 s.	1 l.	12 s.
2	ANCRES (Fabrique des), par MM. de Reaumur & Duhamel	5	8	3	4
3	CHANDELIER, par M. Duhamel du Monceau	3	12	2	2
4	EPINGLIER, par MM. de Reaumur & Duhamel	7		4	12
5	PAPETIER, par M. de la Lande	14	2	10	10
6	FER (Forges & Fourneaux à), par MM. de Courtivron & Bouchu, Ire & IIe Sections	8		4	16
7	ARDOISIER, par M. Fougeroux de Bondaroy	5	8	3	8
8	CIRIER, par M. Duhamel du Monceau	9	6	5	14
9	PARCHEMINIER, par M. de la Lande	3	16	2	6
10	CUIRS dorés, par M. Fougeroux de Bondaroy	3	6	2	
11	FER (Forges & Fourneaux à), par MM. de Courtivron & Bouchu, IIIe Section	13	16	8	6
12	— IVe Section, Traité du Fer, par M. Swedemborg, traduit par les mêmes	13	18	8	8
13	CARTIER, par M. Duhamel du Monceau	4	6	2	16
14	CARTONNIER, par M. de la Lande	2	6	1	10
15	FER FONDU (Art d'adoucir le), par M. de Reaumur	10		6	
16	CHAMOISEUR, par M. de la Lande	4	6	2	16
17	TONNELIER, par M. Fougeroux de Bondaroy	6	4	3	12
18	RAFFINAGE du Sucre, par M. Duhamel du Monceau	8	6	5	
19	TANNEUR, par M. de la Lande	8	14	5	8
20	CUIVRE rouge converti en jaune, par M. Gallon	9	2	6	
21	DRAPIER, par M. Duhamel du Monceau	13	18	9	
22	CHAPELIER, par M. l'Abbé Nollet	7	10	4	10
23	MÉGISSIER, par M. de la Lande	3	12	2	4
24	COUVREUR, par M. Duhamel du Monceau	4	16	3	
25	TAPIS de la Savonnerie, par le même	3	6	2	2
26	RATINE des Étoffes de Laine, par le même	2	18	2	
27	MAROQUINIER, par M. de la Lande	2	2	1	12
28	HONGROYEUR, par le même	2	8	1	10
29	CHAUFOURNIER, par le même	10	2	6	2
30	ORGUES, par D. Bedos, Ire Partie	30		18	
		224		140	
		224		140	
31	PAUMIER & Raquetier, par M. de Garsault	4	4	3	
32	CORROYEUR, par M. de la Lande	4	8	3	
33	TUILIER & Briquetier (Supplément), par M. Jars	1		1	
34	MEUNIER, Vermicellier, Boulanger, par M. Malouin	21	10	13	4
35	PERRUQUIER, Baigneur-Etuviste, par M. de Garsault	4	16	3	
36	SERRURIER, par M. Duhamel du Monceau	33	12	20	
37	CORDONNIER, par M. de Garsault	5	4	3	4
38	INSTRUMENS de Mathématiques (division des), & Microscope, par M. le Duc de Chaulne	12		7	4
39	CHARBON de Terre, par M. Morand, Ire Partie, (*Mines*)	15	10	9	
40	FIL de Fer ou d'Archal, par M. Duhamel du Monceau	4		3	
41	MENUISIER, par M. Roubo (*Menuiserie dormante*), Ire Partie	28	18	18	
42	TAILLEUR, par M. de Garsault	9	18	6	
43	ORGUES, par D. Bedos, IIe & IIIe Parties	34	4	20	
44	MENUISIER, par M. Roubo, IIe Partie (*Menuiserie dormante, celle des Eglises, & l'Art du Trait*)	75	16	45	
45	BRODEUR, par M. de Saint-Aubin, *Dessinateur*	6	16	4	4
46	INDIGOTIER, par M. de Beauvais de Raseau	10	16	6	16
47	CHARBON de bois (Supplém.), par M. Duhamel		14		14
48	COLLES (Art de faire les), par le même	3		1	16
49	MENUISIER, par M. Roubo, IIIe Partie, Ire Section. (*Carossier*)	33	4	19	4
50	PIPES à Tabac, par M. Duhamel	6	10	4	
51	LINGERE, par M. de Garsault	4	18	3	
52	COUTELIER, par M. Perret, Ire Partie (*De la Coutellerie proprement dite*)	42	16	25	16
53	PORCELAINE, par M. Le Comte de Milly	9	16	6	
54	RELIEUR, par M. Dudin	12	12	7	4
55	COUTELIER en ouvrages communs, par M. Fougeroux	6	4	3	13
56	COUTELIER pour les Instrumens de Chirurgie, par M. Perret, IIe Partie, Ire Section	29	4	18	
		645	10	395	1

		645	10	395	1
57	MENUISIER, par M. Roubo, IIIe Partie, IIe Section (*Meubles*).	32		19	4
58	ETOFFES de soie (Fabrique des), par M. Paulet, *Fabricant*, Ire & IIe Sections (*Devidage des Soies teintes, & ourdissage des chaînes*)	34		20	
59	PLOMBIER, Fontainier, par M***.	22	16	15	12
60	POTIER de Terre, par M. Duhamel du Monceau...........	11	8	7	4
61	DISTILLATEUR en Eaux-Fortes, par M. Demachy..........	16	10	9	18
62	COUTELIER pour les Instrumens de Chirurgie, par M. Perret, IIe Partie, IIe Section.........	29	18	18	
63	CHARBON de terre, par M. Morand, IIe Partie. (*De l'extraction, de l'usage & du commerce du Charbon de terre*).......	31	10	18	18
64	CHARBON de terre, par M. Morand, IIe Partie, IIIe Section. (*Exploitation; commerce & usage du Charbon de terre*)...	22		15	4
65	ETOFFES de Soie (Fabrique des), par M. Paulet, IIIe & IVe Sections (*Etoffes unies, rayées & façonnées*)...............	12		7	4
66	BOURRELIER & Sellier, par M. de Garsault..................	14		8	8
67	PEINTURE sur verre, & Vitrier, par M. le Vieil...........	19		12	
68	MENUISIER, par M. Roubo, IIIe Partie, IIIe Sect. (*Ebéniste*)...	39		22	4
69	INSTRUMENS d'Astronomie, par M. le Monnier..........	14	16	9	
70	ETOFFES de Soie, par M. Paulet, Ve Partie ou Section (*L'Art du Remisseur*)...............	9	14	6	
71	MENUISIER, par M. Roubo, IIIe Partie, IVe Section (*Treillageur*). *Fin de l'Ouvrage*......	34	14	25	16
72	AMIDONNIER, par M. Duhamel.	1	8	1	4
73	SAVONNIER, par le même.....	6	10	3	18
74	DISTILLATEUR-LIQUORISTE, par M. Demachy..............	16	10	9	18
75	TOURNEUR, par M. Hulot, Ire Partie....................	39	6	24	
76	ETOFFES de Soie, par M. Paulet, VIe Section (*L'Art du Peigner*).	28		16	16
77	CRIBLIER, par M. Fougeroux...	1	4	1	4
78	CHARBON de terre, par M. Morand, IIe Partie, IVe Section, (*Art d'exploiter les Mines*)...	21	2	15	
79	CHARBON de terre, par M. Morand, IIe Partie, suite de la IVe Section, (*Différentes manieres d'employer le Charbon de terre*)...................	18	4	11	
80	— Table des Matieres, qui peut servir de Dictionnaire suivi des opérations pour fondre le Fer avec les braises de Charbon de terre. *Fin de l'Ouvrage*......	13	16	8	6
81	ETOFFES de soie (Fabrique des), par M. Paulet, VIIe Section, Ire Partie (*Taffetas, Serges, & Satins unis*)..............	30	10	18	8
82	ORGUES, par D. Bedos, IVe & derniere Partie.............	38	4	24	
83	ETOFFES de soie, VIIe Section, Suite de la I^e Partie (*Fabrique des Taffetas & Serges*).......	21	4	12	15
84	— Section. IIIe Division de la I^e Partie (*Taffetas brillantés, les Cannelés, les Cirsakas, les Droguets, les Prussiennes, les Egyptiennes, les Amboisiennes & les Musulmanes*).........	30	16	18	12
85	CONSTRUCTION des Vaisseaux...	18	4	11	
86	MATURE des Vaisseaux........	9	2	6	
		1282	16	791	14

Arts nouveaux.

87	ETOFFES en laines rases & sèches, unies & croisées (l'Art du Fabriquant d'), par M. Rolland de la Platiere......................	7	4
88	ETOFFES en laines (L'Art de préparer & d'imprimer les), suivi de l'Art de fabriquer les Pannes ou Peluches, les Velours façon d'Utrecht, & les Moquettes, &c. par le même................	4	6
89	VELOURS de coton (L'Art du Fabricant de), précédé d'une Dissertation sur la nature, le choix & la préparation des matieres, & suivi d'un Traité de la teinture & de l'impression des Etoffes de ces mêmes matieres, par le même..........................	7	16
90	L'Art de la Voilure, par M. Romm.......	8	
91	Tuilier & Briquetier, par MM. Duhamel, Fourcroy & Gallon (*Réimpression.*)................	5	8
92	L'Art du Layetier, par M. Roubo........	4	16
93	L'Art du Maçon, par M. Lucotte........	10	4

Sous presse.

L'Art du Potier d'Étain, par M. Salmon.

L'Art du Tourneur, IIe Partie.

Teinture en Soie, par M. Macquer.

Toutes les Planches de ces Articles sont gravées.

ORDRE que l'on peut observer pour relier la Collection des ARTS ET MÉTIERS, & qui est le même que celui qu'on a suivi pour l'Exemplaire de l'Académie Royale des Sciences.

Fabriquant d'Étoffes de Soie, 2 vol. *in-fol.*	N°. 58 ÉTOFFES DE SOIE.	Ire & IIe Sections.
	65..............	IIIe & IVe Sect.
	70..............	Ve Sect.
	76..............	VIe Sect.
	81..............	VIIe Sect. Ire Part.
	83..............	VIIe Sect. suite de la Ire Part.
	84..............	VIIe Sect. IIIe Division de la Ire Part.
Mines & Charbon de terre, 2 vol. *in-fol.*	N°. 39 Charbon de terre (Mines), Ire Part.	
	63 Charbon de terre.	IIe Part.
	64..............	IIe Part. IIIe Sect.
	78..............	IIe Part. IVe Sect.
	79..............	IIe Part. suite de la IVe Sect.
	80..............	Table des Matieres.
Menuisier, 3 vol. *in-fol.*	N°. 41 MENUISIER.	Ire Partie.
	44..............	IIe Part.
	49..............	IIIe Part. Ire Sect.
	57..............	IIIe Part. IIe Sect.
	68..............	IIIe Part. IIIe Sect.
	71..............	IIIe Part. IVe Sect.
Le Facteur d'Orgues, 1 vol. *in-fol.*	N°. 30 ORGUES.	Ire Partie.
	43..............	IIe & IIIe Part.
	82..............	IVe Part.
Le Coutelier, 1 vol. *in-fol.*	N°. 52 LE COUTELIER.	Ire Partie.
	55..............	En Ouvrages communs.
	56..............	IIe Part. Ire Sect.
	62..............	IIe Part. IIe Sect.
Fer, Forges, & Fourneaux. — Serrurier, 1 vol. *in-fol.*	N°. 6 Fer, Forges, & Fourneaux, Ire & IIe Sect.	
	11..............	IIIe Sect.
	15 Art d'adoucir le Fer fondu, suite de la IIIe Sect.	
	12 Traité du Fer, IVe Sect.	
	2 Fabrique des Ancres.	
	40 Fil de fer.	
	36 Le Serrurier.	
Cuirs & Peaux, 1 vol. *in-fol.*	N°. 9 Parcheminier.	
	77 Criblier.	
	10 Cuirs dorés.	
	16 Chamoiseur.	
	19 Tanneur.	
	23 Mégissier.	
	27 Maroquinier.	
	28 Hongroyeur.	
	32 Corroyeur.	
	22 Chapelier.	
	37 Cordonnier.	
	66 Bourrelier.	

Les autres ne sont pas assez nombreux sur la même matiere, pour être reliés.

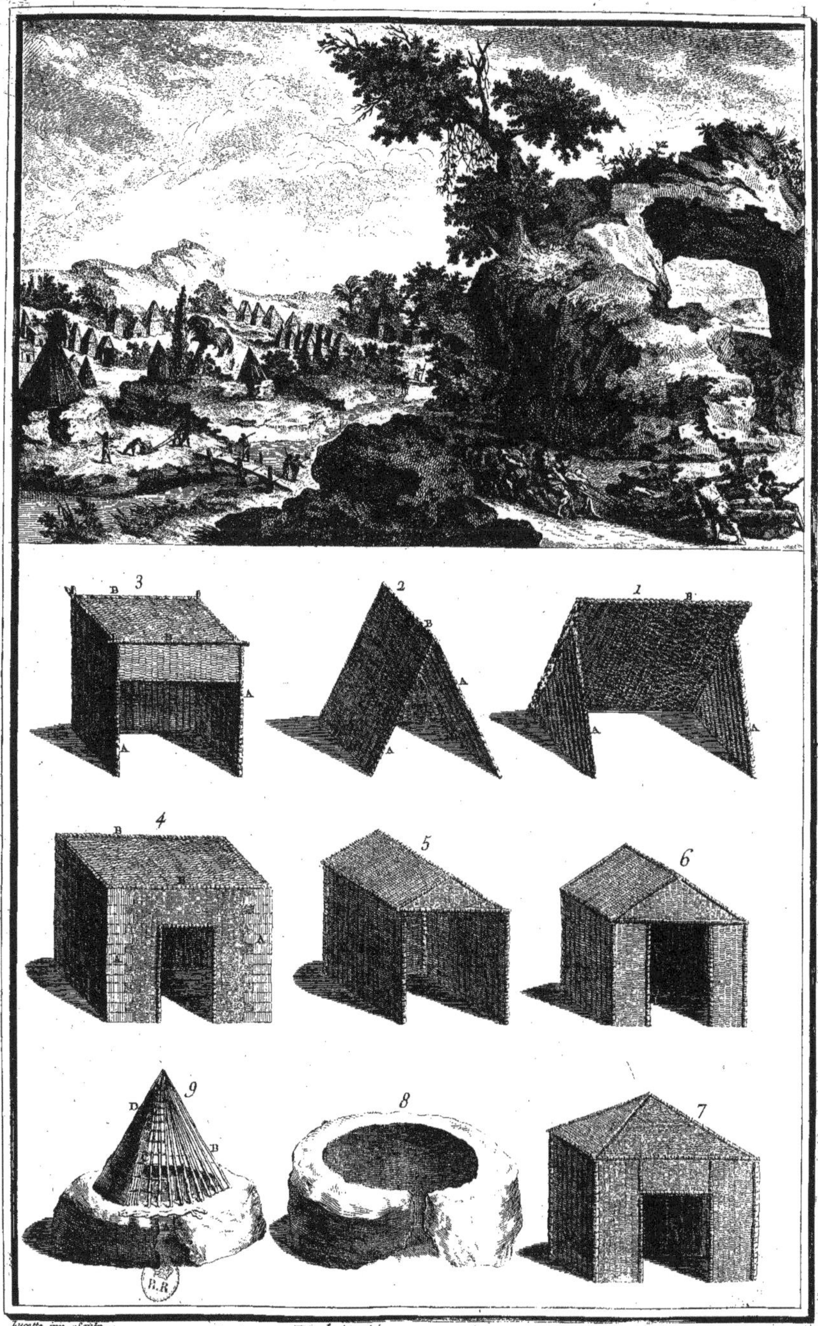

Lucotte inv. Sculp.

Habitations anciennes.

Lucotte inv. Sculp.

Habitations anciennes,

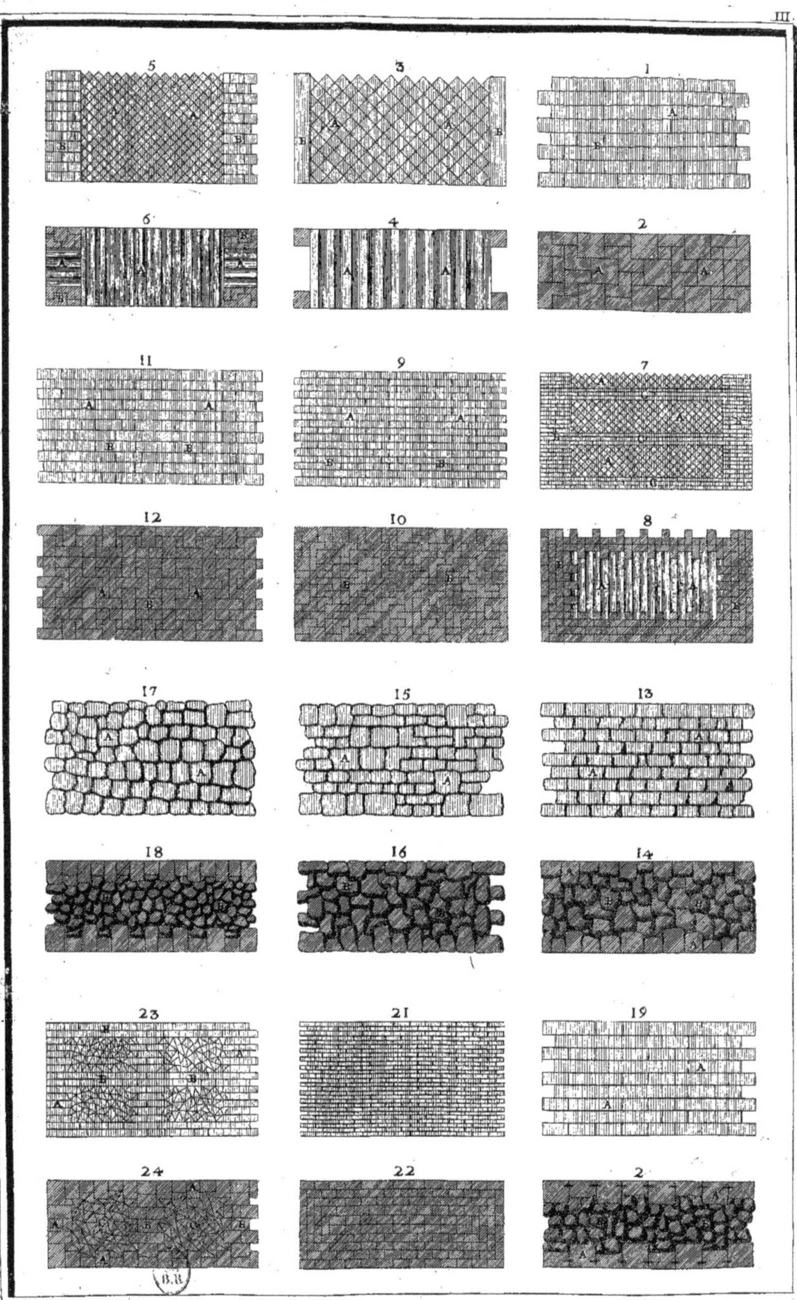

Lucotte inv. Sculp.

Maçonnerie ancienne.

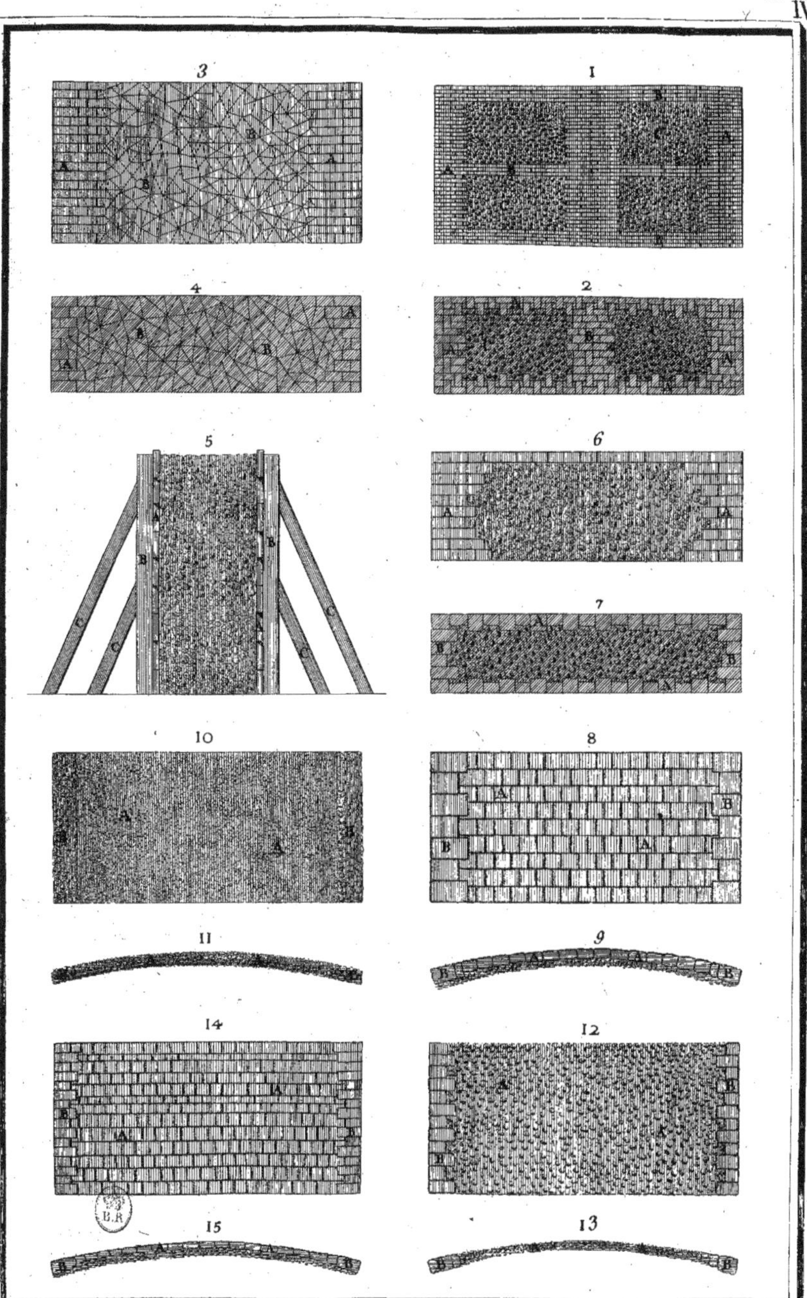

Lucotte inv. Sculp.

Maconnerie ancienne.

Lucotte inv. Sculp.

Maçonnerie moderne.

Lucotte inv. et Sculp.

Fondations

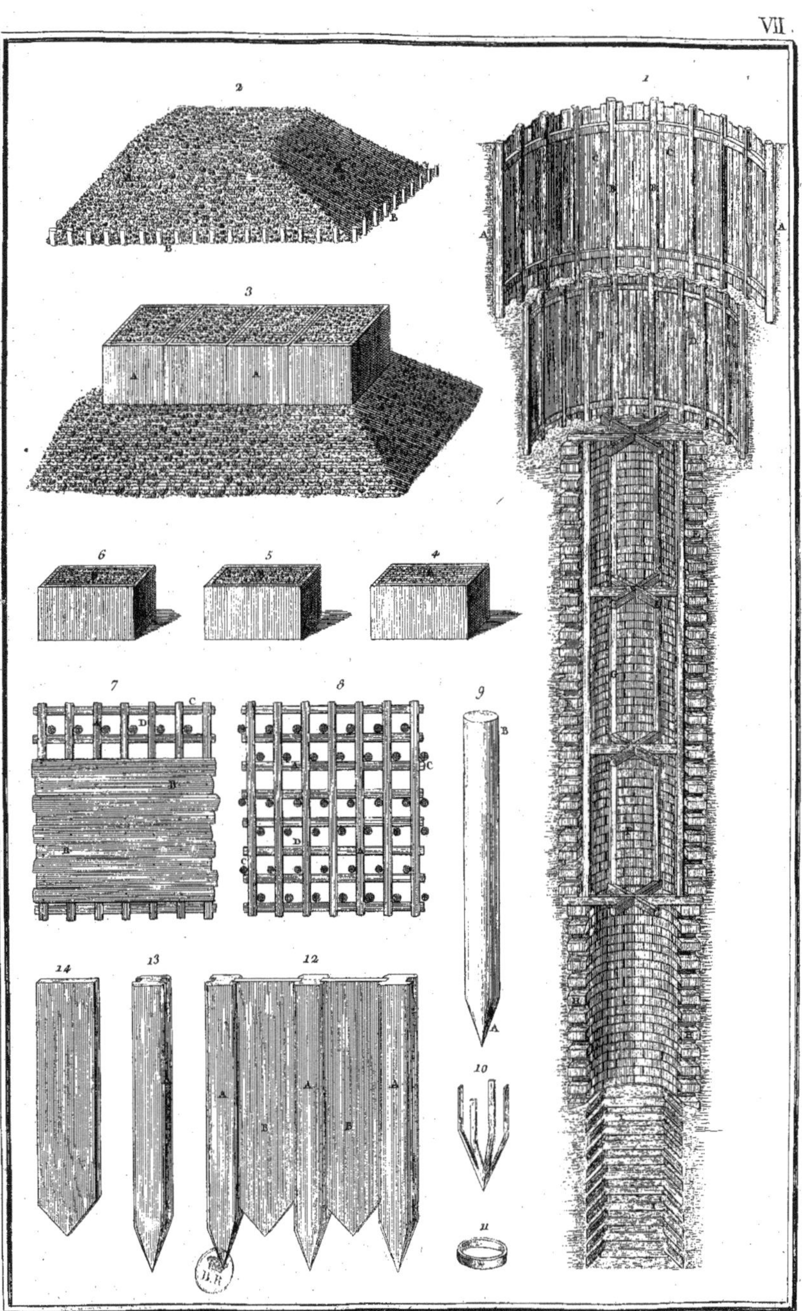

Lucotte fil. inv. Sculp.

Fondations

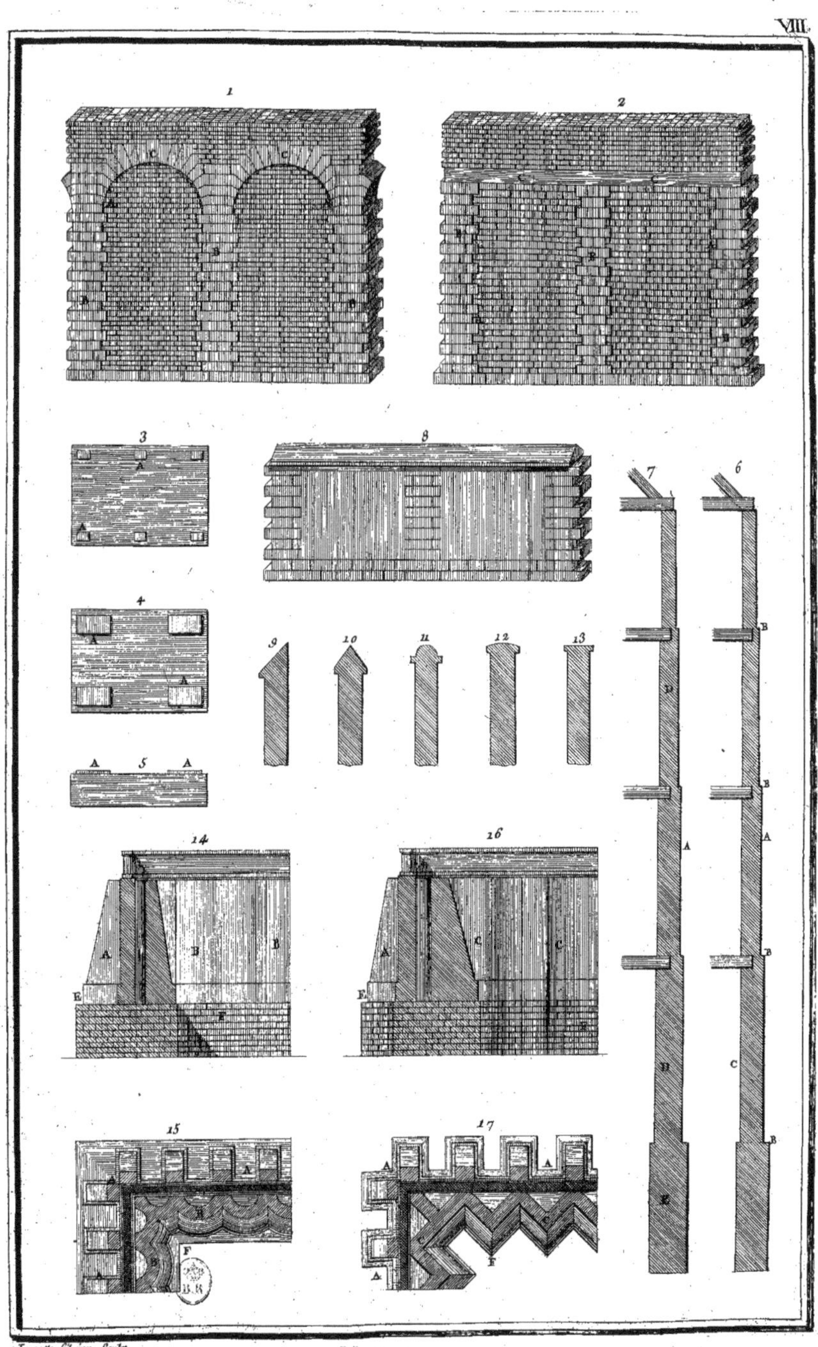

Lucotte fil. inv. Sculp.

Murs

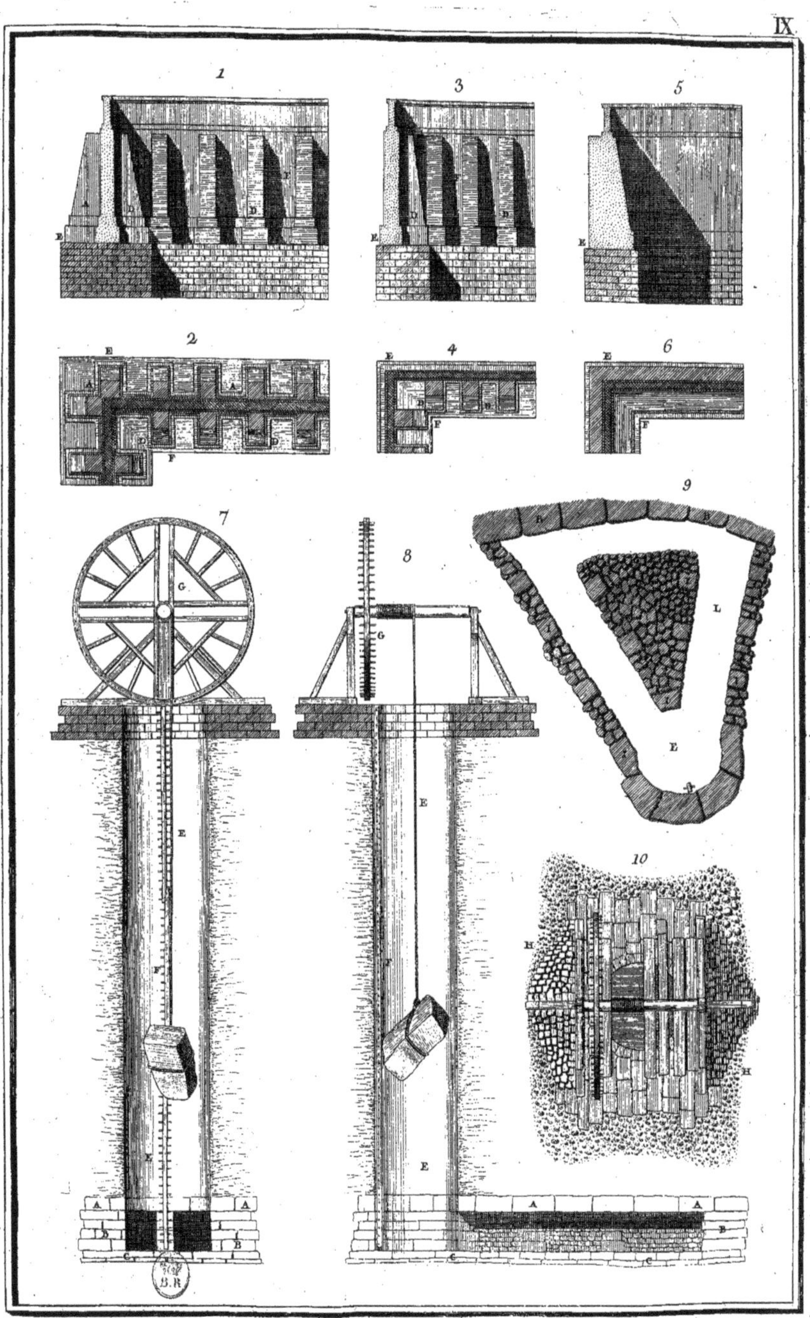

Lucotte fil. inv. Sculp.

Murs et Carrieres.

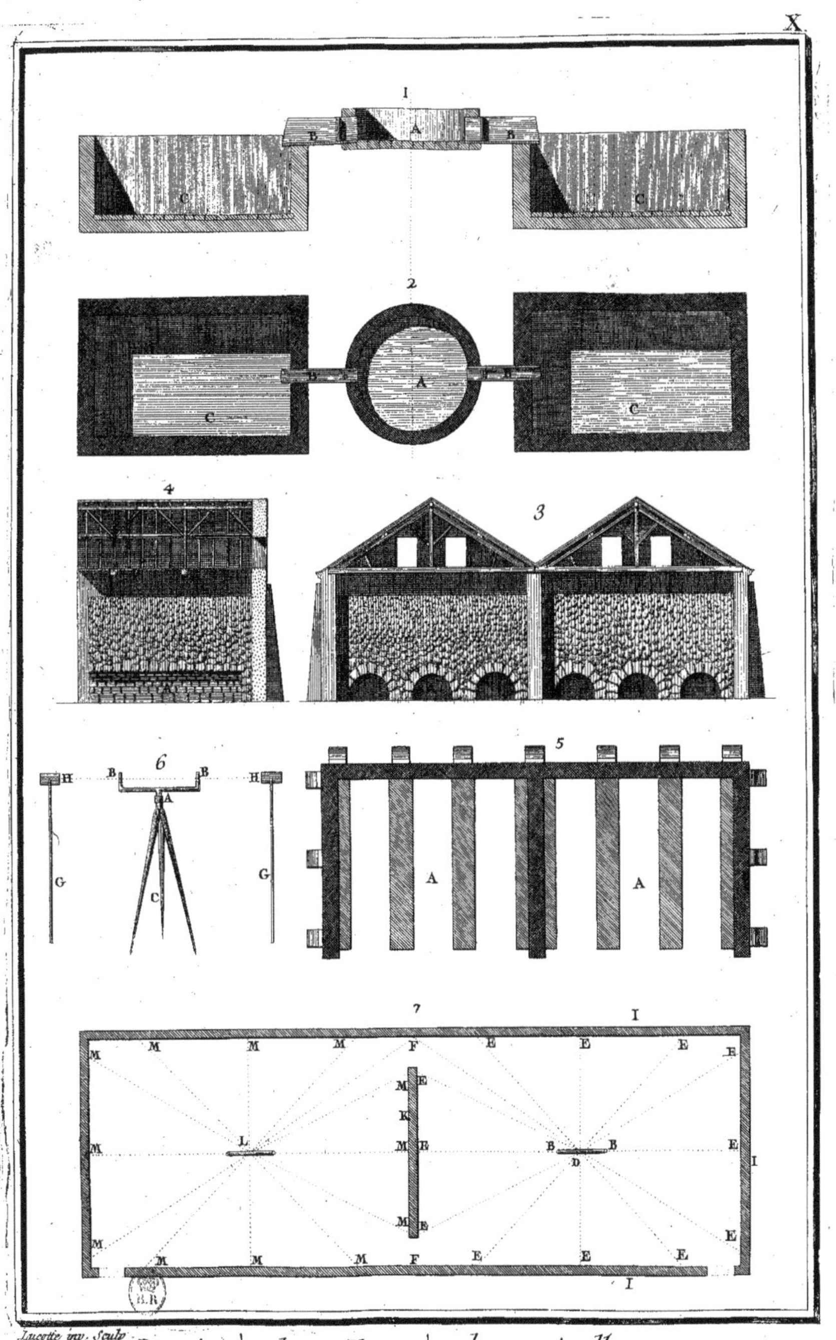

Lucotte inv. Sculp.

Bassins à Chaux, Fours à platre, Nivellemens.

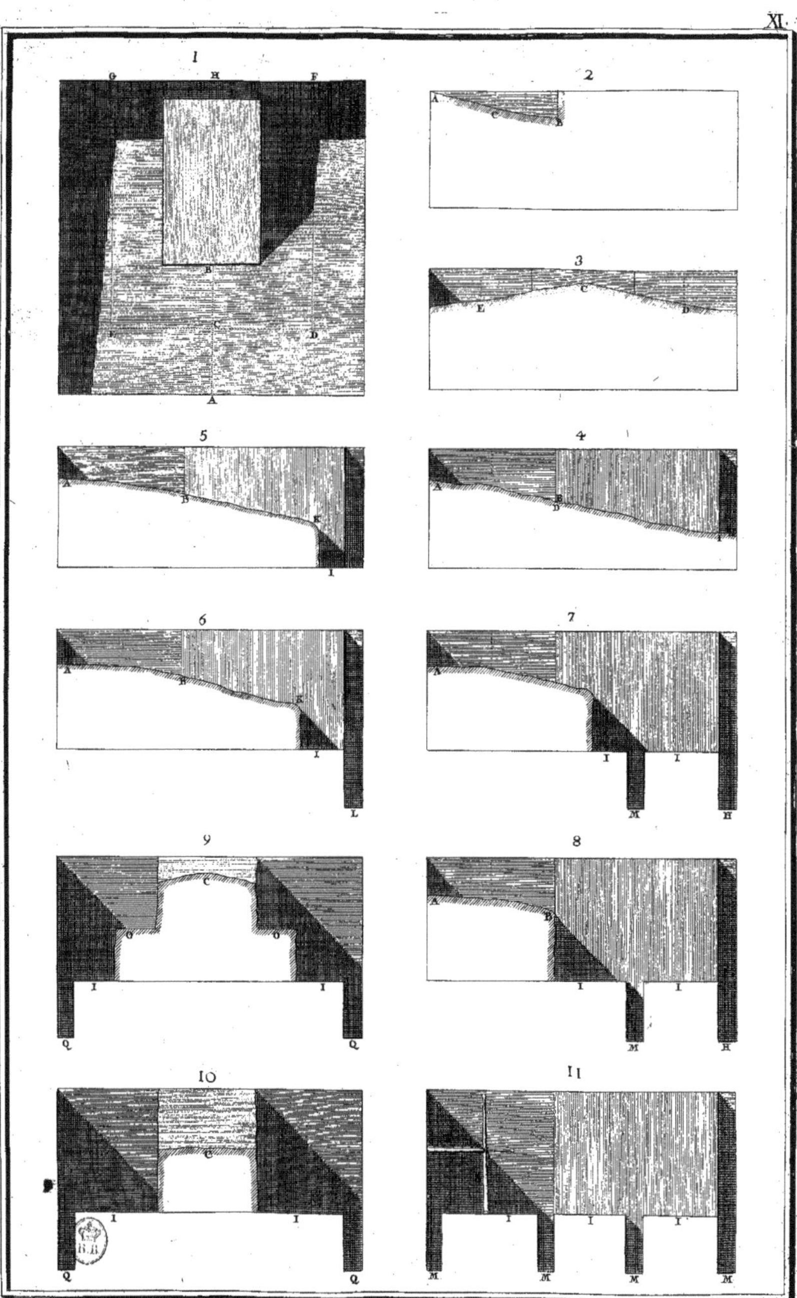

Lucotte fils inv. et Sculp.

Excavations .

XII.

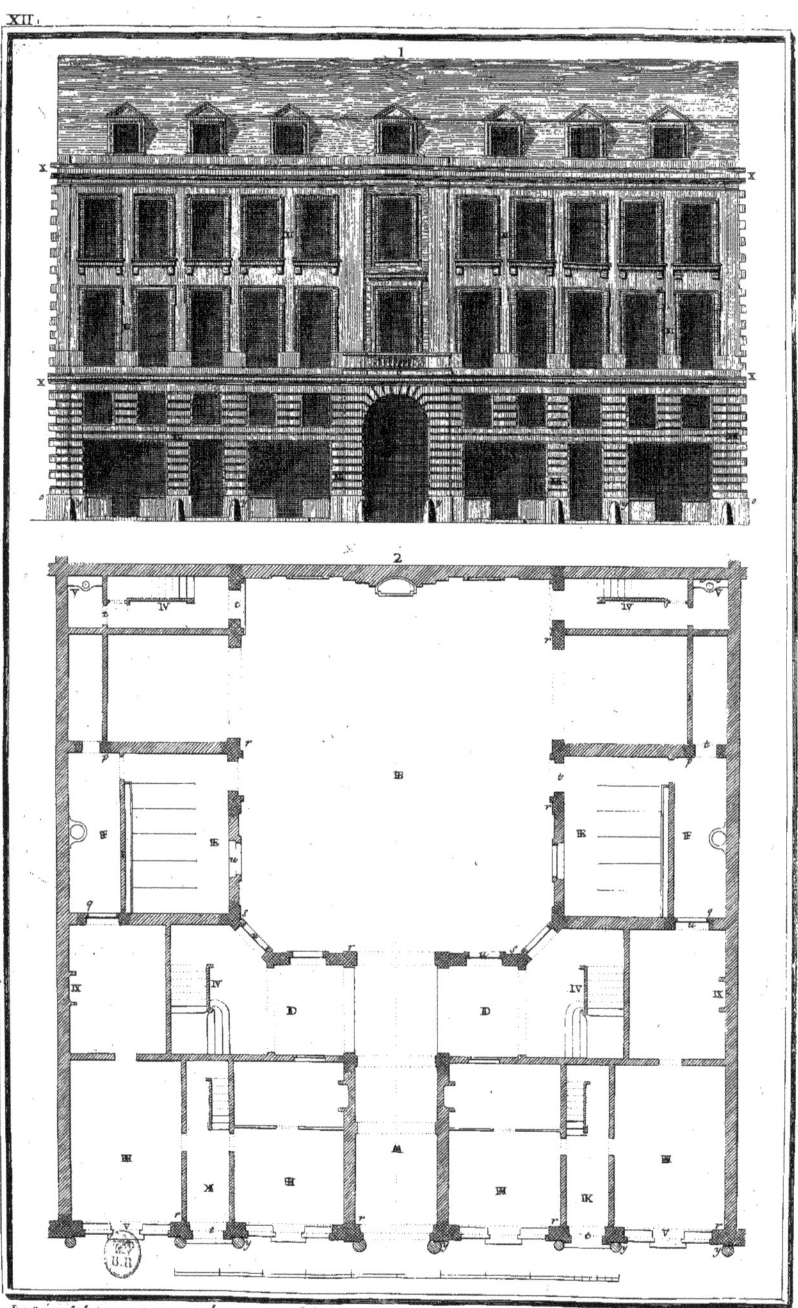

Lucotte inv. Sculp.

Plan et Elévation d'un Hôtel,

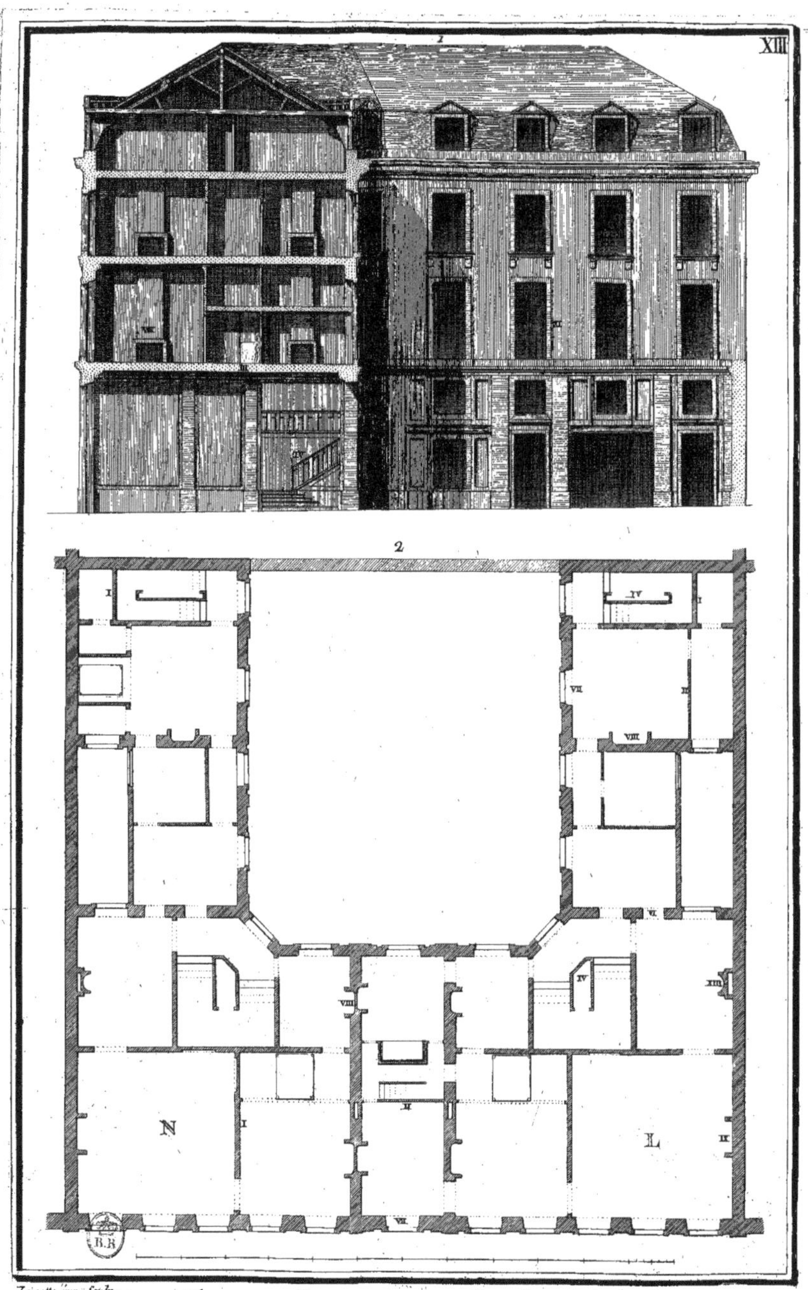

Trucotte inv. Sculp.

Plan au 1er. etage et coupe d'un hotel.

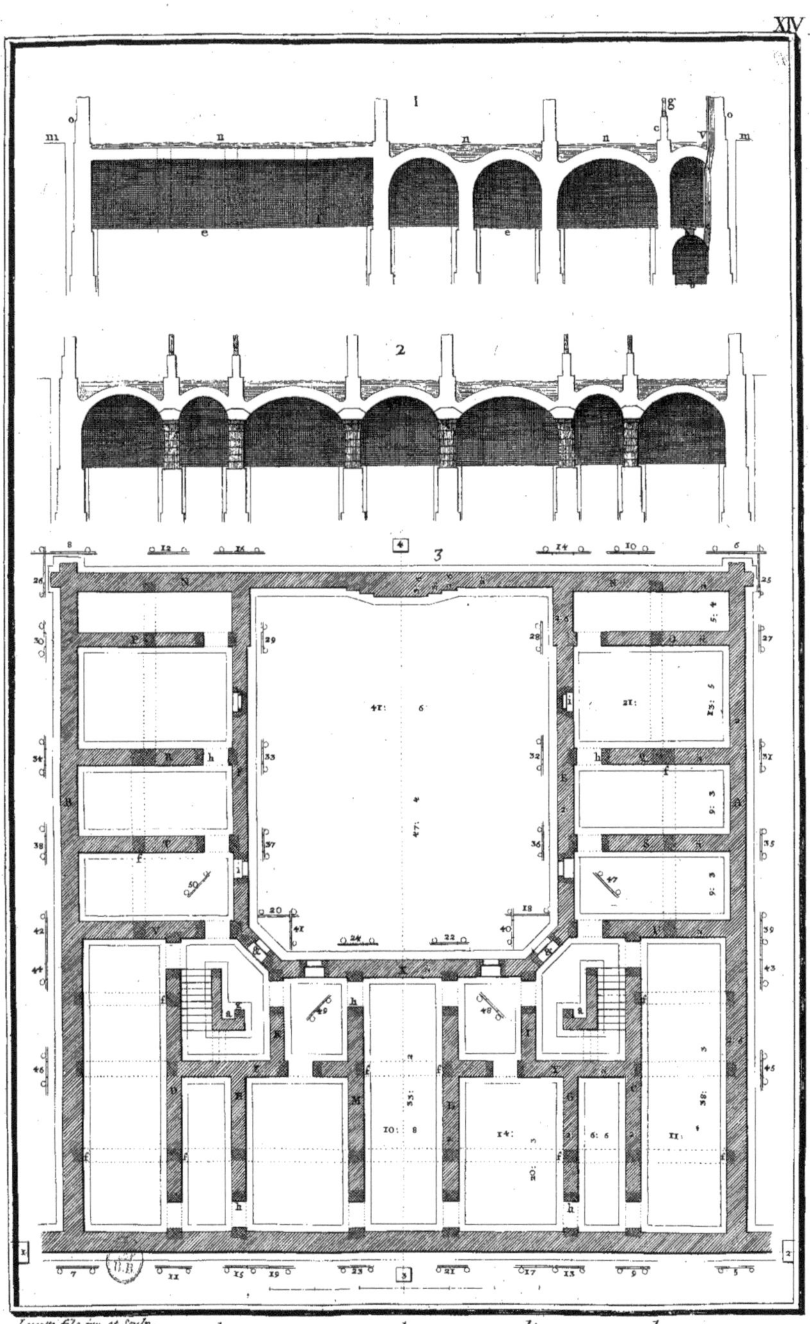

Lucotte fils inv. et Sculp.

Plan et coupes des Caves d'un Hotel.

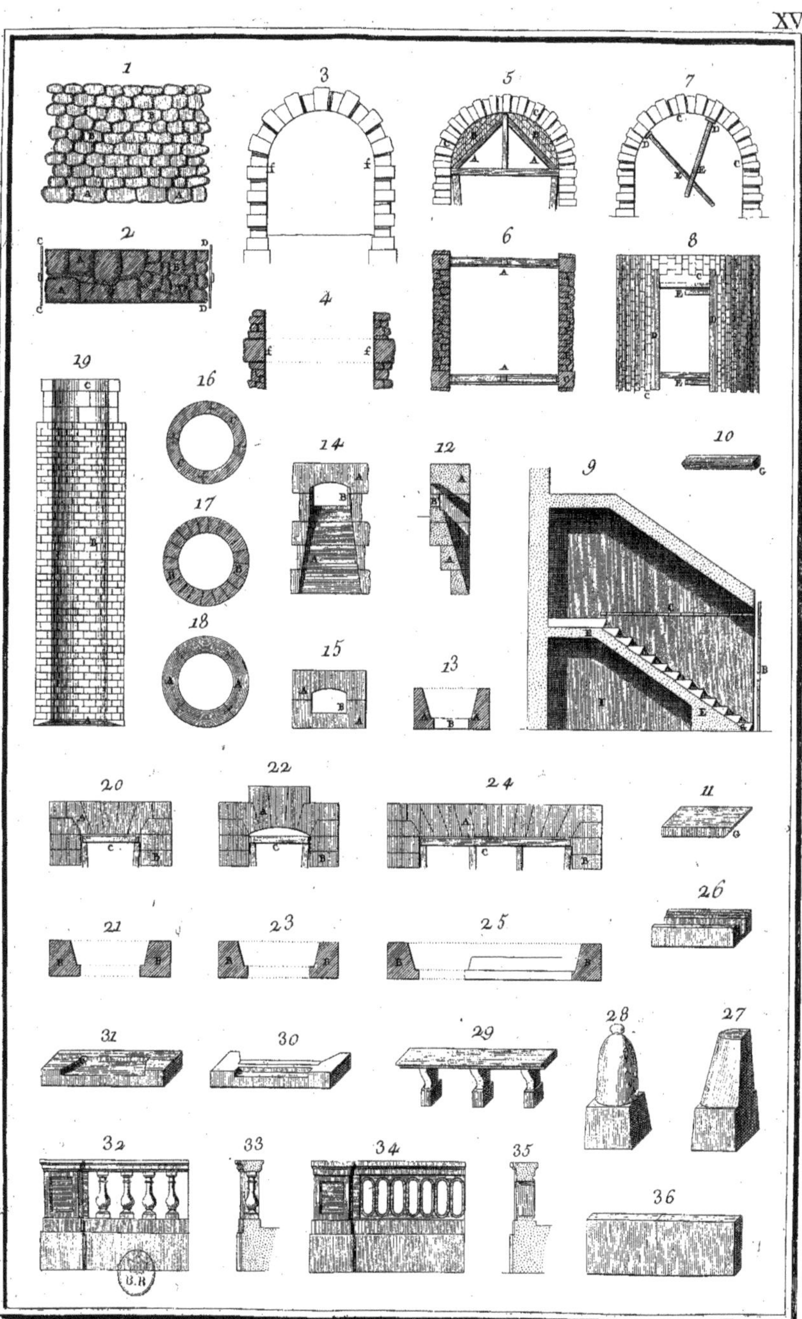

Lucotte fil. inv. Sculp.

Details

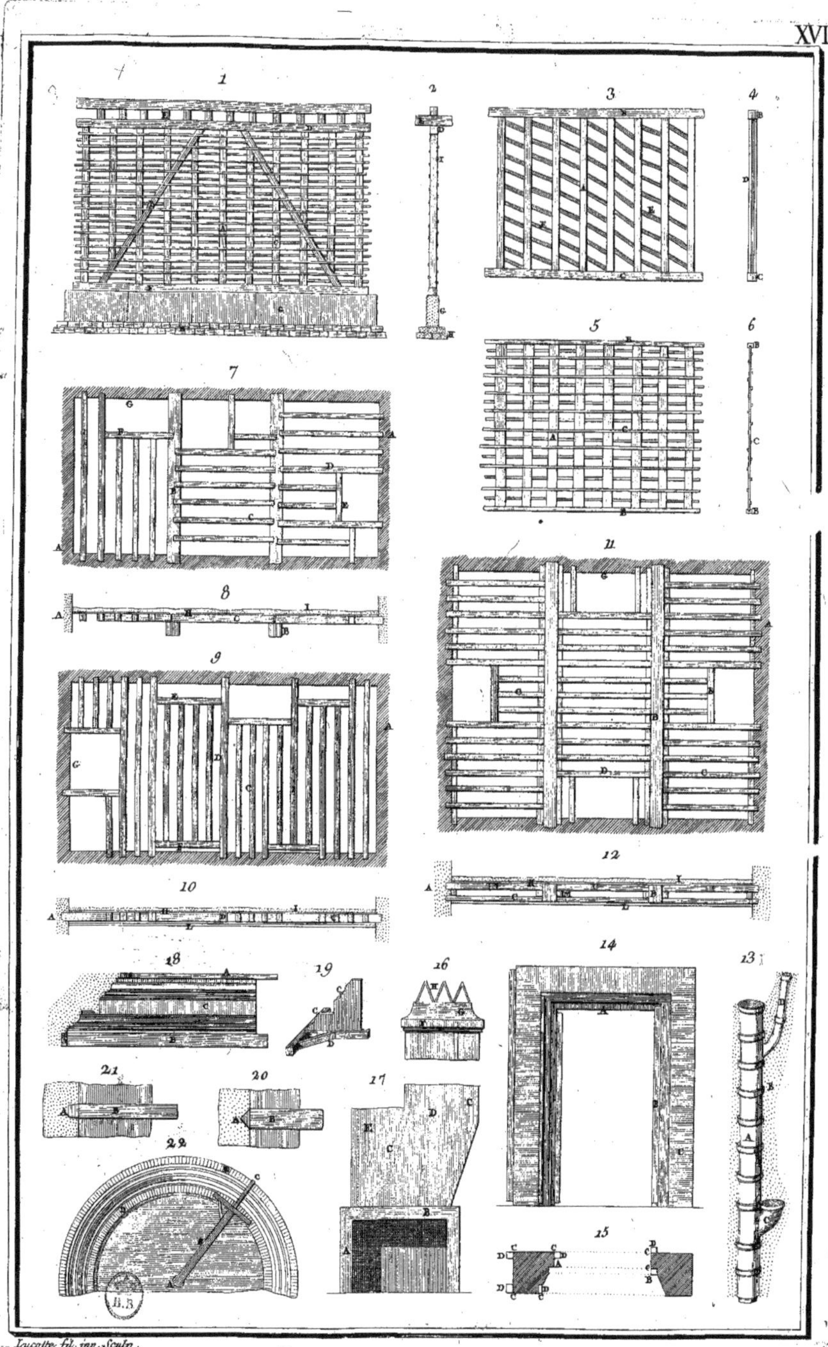

Iucotte fil. inv. Sculp.

Legers ouvrages.

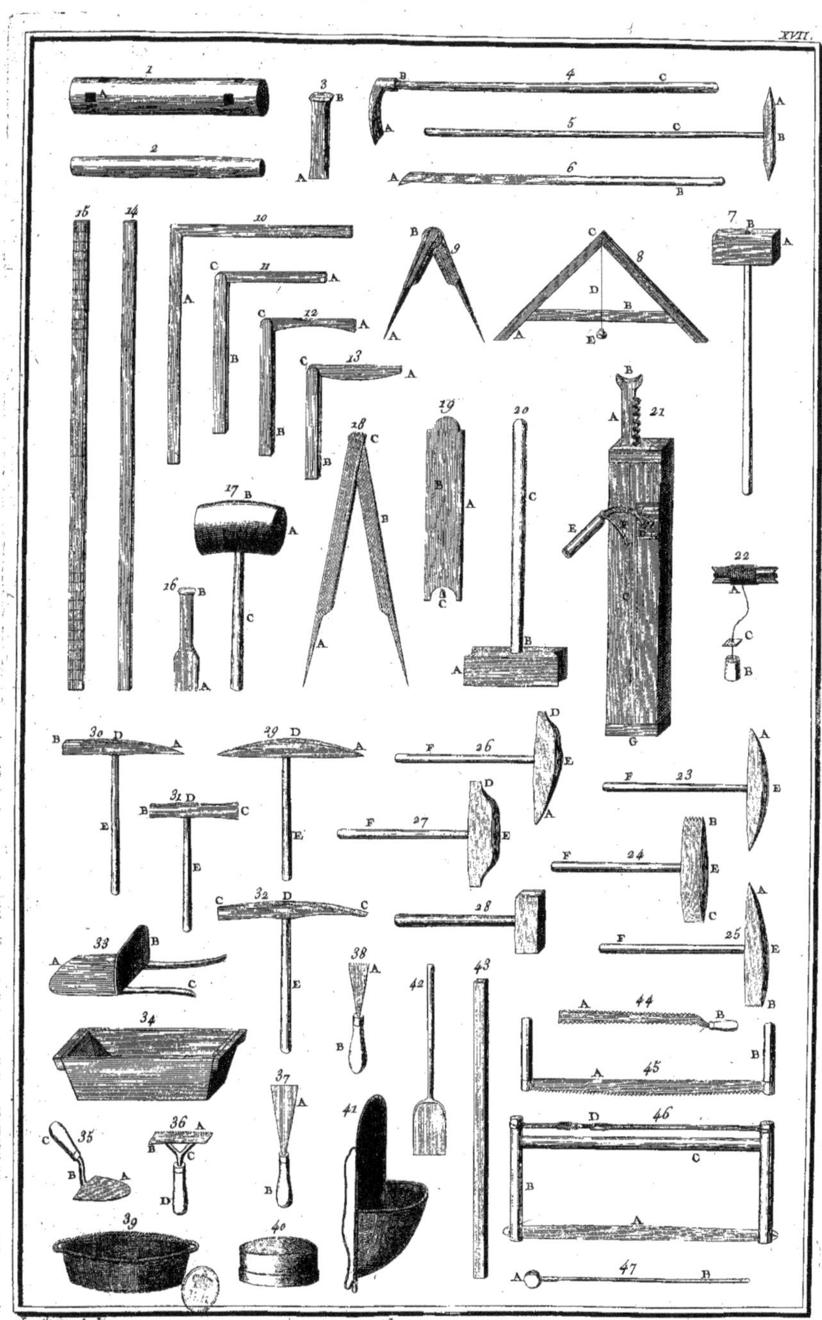

Lucotte inv. Sculp.

Outils

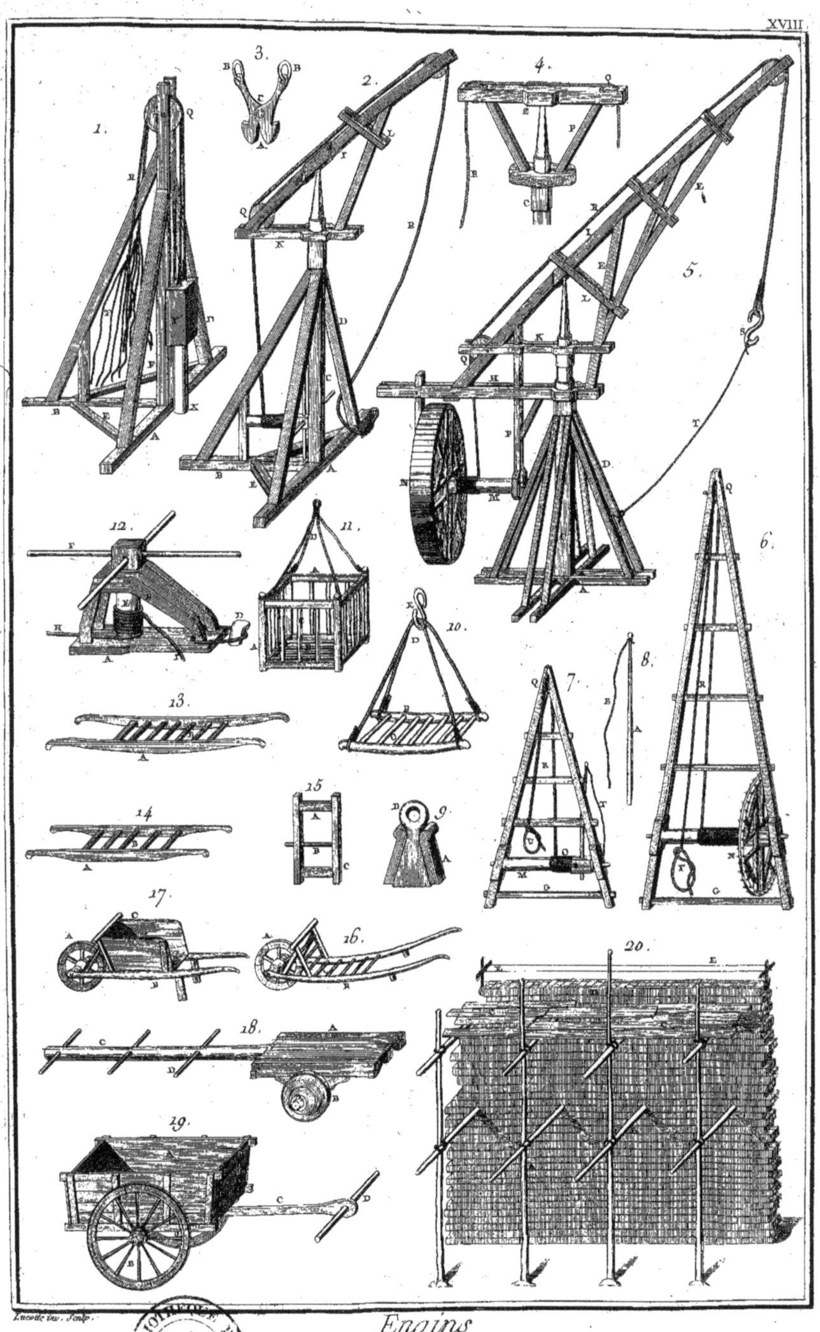

Lucotte inv. Sculp.

Engins

www.ingramcontent.com/pod-product-compliance
Ingram Content Group UK Ltd.
Pitfield, Milton Keynes, MK11 3LW, UK
UKHW021620260726
13965UKWH00007B/1386